BACK ON TRACK PORSCHE

DAS RENNEN GEHT WEITER!

44
29
63

RÜDIGER MAYER

BACK ON TRACK PORSCHE

DAS RENNEN GEHT WEITER!

Motor
buch
Verlag

STARTAUFSTELLUNG: BACK ON TRACK PORSCHE

BIN TRAVERLER FORM

Cut By: Johandri Ascanio Qty 20 Date 09-23-26

Scanned By:____________________ Qty________ Date____________

Scanned Batch ID's

________________ ________________ ________________

Notes / Exceptions

____

BACK ON TRACK PORSCHE

Das natürliche Umfeld eines Porsche sind die Straßen dieser Welt. Doch es sind die Rundstrecken, die die Krönung für einen jeden Porsche darstellen. Bei einem Wettbewerb kann er zeigen, was in ihm steckt und um Titel und Siege fahren. So ist das schon seit Anfang der Porsche-Sportwagen-Produktion 1948 und bis heute setzt sich diese Geschichte fort. Es vergeht wohl kaum ein Tag, an dem nicht ein Porsche auf einer Piste unterwegs ist. Das ist nichts anderes als gelebte Historie, einen Porsche-Rennwagen aus dem letzten Jahrhundert auf einem Rundkurs zu erleben. Technik zum Anfassen und Geschichte pur gibt es alle zwei Jahre bei den Le Mans Classic, High-Speed und packende Rennen im Oval von Daytona, besten Sound aus Vier-, Sechs-, Acht- und Zwölfzylinder-Boxermotoren auf dem königlichen Rennkurs in Monza oder Geschichte zum Erleben mit einem originalen Porsche-Rennwagen und dessen Fahrer in Goodwood. Ohne Zweifel ein besonderes Highlight sind die Treffen in den USA anlässlich der Porsche Reunion. Jeder Lauf zeigt die Vielzahl an historischen Rennwagen von Porsche, ohne dass man davon je zu viel bekommen könnte. Ein Rennwagen von Porsche wurde nicht für das Museum gebaut, ein Porsche wurde für Rennstrecken konstruiert. Es wurde am Gewicht gefeilt, brachiale Motoren konstruiert, Regeln bis aufs Äußerste ausgelotet, bis man einen Wagen hatte, der schon vor dem Start die Konkurrenz das Fürchten lehrte.

Von kaum einer Sportwagenmarke sind noch so viele historische Rennwagen im Einsatz wie von den Zuffenhausenern. Das liegt nicht nur an der fast unzerstörbaren Präzision, mit der diese Sportgeräte gebaut und manchmal auch von den Rennfahrern und deren Teams weiterentwickelt wurden. Auch der frühe Erfolg von Porsche auf den Rennstrecken dieser Welt führte dazu, dass von dem einen oder anderen Modell ein paar Exemplare mehr gebaut wurden als Porsche zunächst geplant hatte. Bis in die jetzige Zeit gilt der Nimbus des äußerst zuverlässigen Rennwagens bei den Schwaben. So flossen die Erfahrungen, die man auf den Rennstrecken machte, regelmäßig in die nächste Generation an Straßensportwagen ein.

Dabei blieb der Rennsport nie auf der Strecke. Es wurde so lange konsequent weiterentwickelt, bis der Wettbewerb, bei dem die Mannschaft aus Stuttgart antrat, gewonnen wurde. Gut zu erkennen ist das beim legendären Porsche 917. Die Wurzeln des ersten Gesamtsieges beim 24-Stunden-Rennen von Le Mans 1970 reichen weit zurück in die 1960er-Jahre. Schritt für Schritt, oder besser Runde für Runde, kam Porsche seinem Ziel näher. Etliche Klassensiege waren hier auf der Rennstrecke an der Sarthe schon eingefahren worden. Mit viel Ingenieurskunst, eisernem Willen und einer Bereitschaft, bis ans Äußerste zu gehen, verfolgte man den Weg zum Sieg konsequent und erreichte am Ende mehr als einen ersten Platz in Le Mans. Aus Siegen wurden bei Porsche Legenden, die bis heute jeden Wagen begleiten, der die Produktionshallen verlässt. Diese Historie gilt es zu bewahren. Und das geschieht am besten mit fahrenden Rennwagen in ihrem natürlichen Element, der Rennstrecke.

Begleiten Sie uns zu historischen Rennen und Porsche-Treffen rund um die Welt. Die Kameras sind dabei nur auf eine Marke gerichtet, auf Porsche. Geschichten ergänzen die Bilder und künden von einer Motorsportwelt, die keine andere Marke so spannend erzählen kann. Die Fahrertüre (sofern vorhanden) steht Ihnen offen, steigen Sie ein und schnallen Sie sich an – das Rennen geht weiter!

RÜDIGER MAYER

JÜRGEN BARTH

Rennfahrer (Le Mans-Sieger 1977), Mechaniker, Leiter der Kundensport-Abteilung Porsche, Autor zahlreicher Porsche-Bücher

In meiner langen Zeit mit Porsche als Rennfahrer, Teammitglied und Ingenieur bin ich mit so gut wie jedem Modell von Porsche selbst einmal auf Rennstrecken oder bei Rallyes unterwegs gewesen. Die Vielfalt der Porsche-Konstruktionen, der Motoren und der Rennstrecken begeistert mich dabei bis heute.
Auf dem Porsche 718 RSK hatte mein Vater Edgar Barth als Werksfahrer für Porsche in den 1950er-Jahren etliche Erfolge einfahren können, wie den Sieg bei der Targa Florio 1959. Als einziger Porsche-Werksrennfahrer startete er im gleichen Jahr zur Europa-Bergmeisterschaft und gewann auch diese.
Bei den Rennen meines Vaters war ich schon als kleiner Junge immer gerne mit dabei. Schon früh kam ich dadurch mit den Rennwagen und den Serienmodellen von Porsche in Kontakt. Meine ersten »Fahrversuche« unternahm ich bereits mit 14 Jahren auf einem Porsche 356 und bis heute fahre ich gerne einen Straßensportwagen von Porsche.

Während meiner Lehrzeit in den 1960er-Jahren bei Porsche konnte ich die Motoren und die Konstruktionen Schritt für Schritt kennenlernen. Das Rennfahren habe ich von meinem Vater vererbt bekommen und es dauerte auch nicht lange bis ich selbst mit einem Porsche an Rennen teilnahm.
Am Beispiel des Porsche 917, gebaut unter der Leitung des visionären Vordenkers Ferdinand Karl Piëch, erkennt man auch heute noch die genialen Leistungen im Rennwagenbau aus dem Hause Porsche. Mit dem Modell 908/03 bin ich zahlreiche Rennen gefahren und konnte viele Erfolge verbuchen. So zeigt das Buch »Back on Track Porsche« auch eine Auswahl von Rennwagen, mit denen ich als Werksfahrer oder für private Rennteams in den 1970er- und 80er-Jahren an Rennen teilgenommen habe. Viele dieser Rennwagen begleiten mich auch heute noch bei historischen Rennen, bei denen ich immer gerne als Rennfahrer und Mentor für junge Fahrer dabei bin. Porsche-Fahren bedeutet für mich, Teil einer großen Familie zu sein. Ein wichtiger Bestandteil der Familie sind dabei die vielen historischen Porsche-Rennwagen, die zum Teil seit über 70 Jahren immer noch auf den Rennstrecken dieser Welt unterwegs sind und mich sowie die Fans von Porsche weltweit begeistern.

ROLAND KUSSMAUL

Projektleiter und Renningenieur bei Porsche und wie nebenbei Rallyefahrer mit Projekten wie dem 911 SC / RS oder dem Porsche 959

Meine Geschichte bei Porsche beginnt im Jahr 1969 in einer Zeit, in der Motorsport in Zuffenhausen neu definiert wurde. So kam ich im Unternehmen schnell mit dem Motorsport in Berührung. Dabei standen diverse Rallye-Projekte an, die ich als Renningenieur rund um die Welt begleitet habe. Eines der Highlights war für mich die Projektleitung und die Teilnahme an der Paris-Dakar mit der Rallye-Version des Porsche 959. Zusammen mit Wolf-Hendrik Unger erreichten wir im dritten eingesetzten Porsche 959, der eigentlich als Servicewagen fungierte, den sechsten Platz in der Rallye 1986. Viele technische Neuerungen wurden erstmals bei den Rallyes erprobt und flossen in der Folge in die Serienfertigung mit ein. Das machte die Arbeit bei Porsche für mich unglaublich interessant und vielfältig. Bei zahlreichen Rennwagen wie auch den Serienwagen, an denen ich als Ingenieur mitarbeiten konnte, bin ich auch heute noch gerne als „Spezialist" gefragt und es bereitet mir dabei sehr viel Freude, dem einen oder anderen Porsche-Fan mit Rat und Tat zur Seite zu stehen.

Jedes Rennen, jede Rallye, an denen ich für Porsche teilgenommen habe, erzählt eine eigene Geschichte. Dabei stehen nicht nur die Rennwagen im Vordergrund, sondern auch der Idealismus und der Hang zur Perfektion bei Porsche, jedes Rennen zu gewinnen. Die akribische Vorbereitung, die zahllosen Testfahrten und die vielen Geschichten rund um den Aufbau eines Rennwagens sind wieder und wieder gelebte Historie, welche die Marke Porsche ausmacht. Jeder Rennwagen, der weiterhin auf Rennstrecken oder historischen Treffen unterwegs ist, zeigt dabei wie kreativ und innovativ Porsche war und immer noch im Motorsport ist.

NORBERT SINGER

Renningenieur, Projekt- und Einsatzleiter bei Porsche (16 Gesamt- und Klassensiege bei Le Mans)

Porsche gilt mit seinen Modellen im Bereich der Straßensportwagen und Rennwagen bis heute zu den innovativsten Automobilherstellern weltweit. Dabei galt und gilt der Rennsport bei Porsche als beste Antriebsquelle und als optimales Erprobungsfeld für spätere Straßensportwagen. Doch wer wie Porsche ständig in die Zukunft schaut und Neues auf den Rennstrecken erprobt, der schaut auch gerne zurück in die Vergangenheit und damit auch auf äußerst erfolgreiche Zeiten mit höchstspannenden Rennen und Rennfahrzeugen. Innovationen waren und sind im Motorsport immer gefragt. Genauso wie die kreative Auslegung der FIA-Regeln, sei es bei den 24 Stunden von Le Mans oder der Konstruktion des Porsche 935 / 78 »Moby Dick« mit den tiefer gelegten Schwellern mit samt dem Unterboden sowie einer zweiten Heckscheibe über der Original-Heckscheibe mit dem Ziel, dessen Aerodynamik zu verbessern. Gerne schaue ich auch heute noch bei historischen Rennen vorbei und entdecke dabei den ein oder anderen Porsche-Rennwagen aus unserer Produktion in Weissach. Und das Schöne daran ist, die Rennwagen wie der Porsche 956 für die Gruppe C oder sein Nachfolger, der Porsche 962, sind heute kein bisschen langsamer als zu ihrer »aktiven« Zeit.

Wichtig waren mir auch die vielen Kundenteams der 1970er- und 80er-Jahre. Mithilfe der privaten Teams waren die Starterfelder in diesen Jahrzehnten immer gut gefüllt. Dabei hat manch einer der privat eingesetzte Rennwagen durchaus unserem Werksteam gelegentlich das Heck gezeigt.

Es ist wichtig, dass angehende Ingenieure im Automobilbereich auch den Blick zurück wagen. Sehen sie doch in der Vergangenheit genau wie man durch Innovationen im Motorsport die Straßensportwagen deutlich sicherer und besserer gemacht hat. Mit dem Motorsport und der Entwicklung des Porsche 917 hat es bei mir mit Porsche angefangen und mit dem Porsche 911 GT3 hat meine aktive Zeit aufgehört. Ich blicke gerne zurück, zurück aufein oder viele Erfolge, die nur mithilfe vieler Menschen vor, hinter und in der Boxengasse gelingen konnten.

TEUFELSKERL

»»»»»» TEUFELSKERL

»Ein Teufelskerl gewinnt auf heißen Reifen das Eisrennen von Zell am See«. So oder so ähnlich mögen die Schlagzeilen im Februar 1955 in den Zeitungen ausgesehen haben, nachdem der Österreicher Otto Mathé das legendäre »Prof. Dr. h.c. Ferdinand Porsche Gedächtnisrennen« auf dem zugefrorenen See von Zell am See gewonnen hatte. Diese Schlagzeile wiederholte sich in den Gazetten dabei nochmals in den folgenden Jahren 1956, 1957 und 1959. Ganze vier Mal konnte Mathé das Eisrennen für sich entscheiden. Die vier Kilometer lange Eisstrecke umrundete er dabei mit seinem Eigenbau in der absoluten Rekordzeit von gerade einmal 157 Sekunden. Vergeblich versuchten der damalige Porsche-PR-Chef Huschke von Hahnstein wie auch der Porsche-Werksrennfahrer Richard von Frankenberg mit dem leichten und schnellen Porsche 550 Spyder gegen Mathé im Eisrennen anzukommen, hatten aber gegenüber der kleinen und auf das Nötigste abgespeckten Eigenkonstruktion keine Chance und das, obwohl diese mit einem deutlichen Handicap auf der eisigen Strecke unterwegs war.

1907 wurde Otto Mathé im österreichischen Zillertal geboren. Der von der Technik begeisterte Junge versuchte sich schon im Alter von 16 Jahren bei Motorradrennen. Fasziniert von der Geschwindigkeit optimierte er seine Rennmaschinen. Dabei schraubte der junge Mann nicht nur an den Motoren, sondern entwickelte und experimentierte auch mit diversen Zusätzen und Additiven für die benötigten Schmierstoffe. Bei einem der Motorradrennen im Jahr 1934 bei Graz stürzte Otto Mathé so schwer, dass fortan sein rechter Arm gelähmt war. An das Motorradfahren war nun nicht mehr zu denken, aber den Motorsport aufgeben stand für ihn vollkommen außer Frage. So schaute er sich die Entwicklung des Automobilrennsports genauer an und sondierte dessen Lage für sich.

Im Jahr 1949 erwarb Mathé einen der noch existierenden Berlin-Rom-Wagen, die von Porsche entwickelt worden waren. Ein Glücksfall für den Konstrukteur. Er baute den Wagen auf seine Bedürfnisse um, sodass er das Auto allein mit seinem linken Arm lenken und schalten konnte. Der Umbau gelang Mathé so gut, dass er damit auch wieder auf der einen oder anderen Rennstrecke zu sehen war. Immer wieder konstruierte und entwickelte er weiter und präsentierte schließlich 1952 seinen eigenen kleinen Rennwagen. Dieses leichte und sehr kompakte Fahrzeug war genau auf seine Bedürfnisse hin aufgebaut und ließ sich trotz der Behinderung wunderbar lenken. Der legendäre »Fetzenflieger« war geboren und mit ihm der »Mythos Otto Mathé«, der bis heute fortwährt.

Durch seine Erfahrungen mit dem Berlin-Rom-Wagen und einem frühen Porsche 356 kannte Mathé sich mit der Technik von Porsche sehr gut aus. Mit der Konstruktion des »Fetzenfliegers« wollte er jedoch die bekannt gute Technik übertrumpfen. Aus VW- und Porsche-Teilen konstruierte er um

MATHE
UNIVERSAL

PORSCHE

TEUFELSKERL ‹‹‹‹‹‹‹

einen selbstgebauten Gitterrohrrahmen herum einen kleinen Monoposto. Mit dem Motor hinter dem Sitz sowie Tanks links und rechts daneben brachte es der kleine Renner auf gerade einmal knapp 400 Kilogramm. Angetrieben wurde der Wagen von einem getunten und (selbstverständlich) mit Otto-Mathé-Schmierstoffen eingestellten Porsche-356-Motor. Mithilfe des sehr großen Lenkrades konnte Mathé den Wagen auch nur mit einem Arm bewegen. Er nutzte dabei seinen Oberkörper, den er gegen das Lenkrad stemmte, um mit dem linken Arm den nächsten Gang einzulegen. Das funktionierte erstaunlich gut und brachte bei genauem Hinsehen noch einen kleinen Vorteil in Kurven, da durch die Gewichtsverlagerung nach vorne der Wagen an Stabilität gewann. Otto Mathé saß dabei ziemlich aufrecht im Wagen. Mit dem vor der Hinterachse eingebauten Motor und dem kurzen Radstand ist der kleine »Fetzenflieger« ideal ausgesteuert.
Die in Handarbeit gedengelte Karosserie hatte oberhalb des Motors zwei große Aussparungen. Zum einen kam Mathé dadurch schneller an die Zündkerzen, um diese bei Bedarf zu wechseln, zum anderen konnten die Vergaser, die ein wenig über die Karosserie hinausragten, befreiter aufatmen. Zum Schutz der empfindlichen Vergaser waren diese Öffnungen in der Karosserie mit einer Seitenverkleidung aus Stoff abgedeckt. Sie wirkten außerdem wie Luftfilter über den Vergasern und schützten diese unter anderem vor dem von den frei liegenden Vorderreifen aufgewirbelten Staub und Dreck. Beim zuletzt eingebauten Triebwerk handelte es sich um einen Fuhrmann-Motor, der bei einer Fehlzündung eine kleine Stichflamme durch den Vergaser blies. Dies hatte wiederum zur Folge, dass Teile der Stoffverkleidung Feuer fingen und diese flammenden Fetzen hinter dem Wagen auf die Rennstrecke flogen. Der Name des Wagens war geboren: »Fetzenflieger«.

Otto Mathé fuhr mit dem Eigenbau seine Gegner in Grund und Boden. Im Jahr 1952 ging er mit dem Wagen bei 20 Rennen an den Start und gewann dabei jedes einzelne. Ein wahrer Teufelskerl! Heute ist der »Fetzenflieger« eines der Highlights im Automuseum Prototyp in Hamburg. Dort fehlt es dem Wagen an nichts außer einer schnellen, vereisten Piste wie es sie noch Mitte der 1950er-Jahre in Zell am See gab. Knapp 70 Jahre später ist es wieder so weit und der originale »Fetzenflieger« fährt beim GP Ice Race seine schnellen Runden in Zell am See. Zwar fliegen dabei nicht die Fetzen, aber man kann sich hier gut vorstellen, wie Mathé damals über das Eis flog.

UNIVERSALGENIE

Nicht nur als Rennfahrer machte sich Otto Mathé einen Namen. Auch mit seinen selbstentwickelten Schmierstoffen, die er in seinen eigenen Rennwagen erprobte, erwarb sich Mathé einen guten Ruf. Im Direktvertrieb konnte man bei ihm die in Kraftfahrzeugen, Industrie sowie Land- und Forstwirtschaft eingesetzten Schmier- und Treibstoffe erwerben.

MATHÉ UNIVERSAL ADDITIVE

50 60 70
40
80
30
90
20
100
10
UPM
×100
RPM
VDO
Zündkreis2
80 120 140
OEL-TEMP

1055 MILLE MIGLIA

1055 MILLE MIGLIA «««««

Am Steuer des Porsche 550 sitzt Rennfahrerlegende Hans Herrmann, auf dem Beifahrersitz sein langjähriger Weggefährte, das Porsche-Urgestein Herbert Linge. Eine Szene, die es schon einmal gegeben hat und mit der die beiden Porsche-Größen Motorsportgeschichte geschrieben haben.
1954 galt es für die beiden noch jungen Talente, die Mille Miglia im 550 Spyder zu bestreiten. Herrmann und Linge waren dafür bereits Tage vor dem Rennen auf der Strecke unterwegs, um diese kennenzulernen und deren Tücken auszukundschaften. Herbert Linge machte sich dabei zahlreiche Notizen in sein Streckenbuch. Gangwechsel, schnelle Kurven, Bahnübergänge und weitere Hindernisse schrieb er sich auf. Alles wurde akribisch notiert und über Nacht von Linge ins Reine geschrieben, um für das Rennen über ein perfektes Roadbook zu verfügen. Diese Arbeit blieb von den Stuttgarter Kollegen aus Untertürkheim, der Marke mit dem Stern auf der Kühlerhaube, nicht unbemerkt. Auf Nachfragen der Mercedes-Mannschaft teilte Linge gerne seine Kenntnisse mit den Kollegen, wusste er doch, dass viele seiner Notizen nur für den leichten Porsche 550 Spyder von Vorteil waren. Zur damaligen Zeit hatten sich die beiden in Stuttgart ansässigen Automobilbauer auf den Rennstrecken auch gelegentlich ausgeholfen. So bot Mercedes, berichtet Linge in einem Gespräch, dem jungen Porsche-Team auch mal die Möglichkeit an, während eines Rennens deren Garage zu benutzen.

Für die 21. Ausgabe der Mille Miglia bewarben sich über 500 Teams aus aller Welt. Damals zählte das Rennen durch Italien noch als offizieller Wertungslauf zur Sportwagen-Weltmeisterschaft. Mit der Startnummer 351 waren Hans Herrmann und Herbert Linge auf ihrem Porsche 550 Spyder dabei. Die Mille Miglia galt als absoluter Publikumsmagnet und bereits beim Start säumten tausende Zuschauer die Strecke, die weitgehend aus normalen Straßen bestand. Der Start des 1597 Kilometer langen Rennens war wie immer auf dem stilvollen Marktplatz der oberitalienischen Stadt Brescia. Von dort ging es über das wunderschöne Verona nach Ravenna, Rimini, Rom, Florenz, verschieden Pässe rauf und wieder runter, nach Parma zurück und ins Ziel in Brescia. Man möchte in jeder Stadt aussteigen, sich in ein Café setzen und das Dolce Vita erleben, aber die Mille Miglia war und ist nun mal ein Wettbewerb.
Die Startnummer der Rennwagen gab gleichzeitig die Startzeit der teilnehmenden Sportwagen vor. So konnten die Zuschauer

Porsche-Geschichte live und pur: Hans Herrmann am Steuer eines Porsche 550 Spyder zusammen mit Herbert Linge auf der Solitude, Stuttgart.

1055 MILLE MIGLIA ››››››

immer sehen, wann welcher Wagen gestartet war und auf welcher Position dieser nun ungefähr lag. So starteten die beiden deutschen Porsche-Piloten Herrmann und Linge mit der Nummer 351 frühmorgens um 3:51 Uhr in Brescia. Hans Herrmann, ein aufstrebender junger Rennfahrer dieser Zeit, bewegte den 550 Spyder mühelos um die Kurven. Herbert Linge, der das Auto als Porsche-Mechaniker in- und auswendig kannte, hörte auf jedes Geräusch des Spyder und hatte für den Fall, dass etwas am Wagen kaputt gehen sollte, immer das eine oder andere kleinere Ersatzteil in seinen Jackentaschen dabei.

Kurz vor Rom fuhren die beiden auf einen Bahnübergang zu. Ein Zug näherte sich mit großer Geschwindigkeit, die Schranken schlossen sich und fielen in die Arretierung. Hermann war schnell unterwegs, zu schnell, um noch vor dem heruntergelassenen Schlagbaum anzuhalten. Instinktiv gab er seinem Co-Piloten Linge ein Zeichen mit der Hand auf dessen Rücken, sodass beide sich schnell nach vorne beugten und in voller Fahrt unter der Bahnschranke, nur ganz knapp vor dem Zug, hindurchfuhren. Gerne hätte man jetzt das Gesicht des Lokführers gesehen, als der Porsche mit den beiden abgetauchten Piloten knapp vor dem Zug vorbeisauste. Die Aktion ging gut aus, für die beiden Porsche-Piloten wie auch für die Bahn. Ein großes Dankeschön gilt hierbei aber auch den italienischen Erbauern der Bahnschranke, deren Höhe ein Maß von 1055 mm hatte. Knapp war nicht nur die Begegnung mit dem Zug, war der Spyder doch gerade einmal ein paar Zentimeter niedriger als die Absperrung.

Ohne Pause ging die Fahrt danach für die beiden wagemutigen Schwaben im 550 Spyder weiter. Lediglich einen kleineren Defekt hatten die beiden Porsche-Piloten mit ihrem Wagen auf der Strecke. Bei einer Passfahrt wurden im Wolkennebel die Verteilerfinger nass. Kein Problem für Herbert Linge, kannte er doch diese kleine Schwachstelle am Mittelmotor des 550 Spyder. In seiner Jacke hatte er ein paar trockene und neue Verteilerfinger dabei, tauschte diese in Windeseile aus und die Fahrt ging weiter. Nach 12:35:44 Stunden Fahrtzeit kam der Porsche Spyder auf dem sechsten Gesamtplatz wieder im Ziel in Brescia an.

Ein toller Erfolg für das junge Porsche-Team und eine unvergessliche Story für die beiden Porsche-Legenden Hans Herrmann und Herbert Linge.

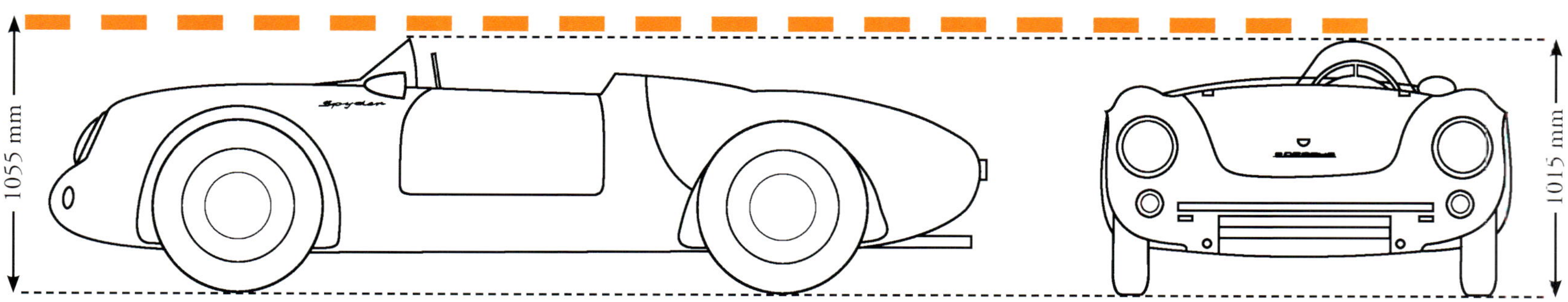

Höhe des Porsche 550 Spyder: 1015 mm. Höhe der Bahnschranke: 1055 mm. 40 mm, die Vollgas zu fahren sind.

400
PORSCHE MUSEUM

ER FÄHRT UND FÄHRT

EFG
20
919
UYU

ER FÄHRT UND FÄHRT ›››››››

Dieser Porsche 356 Pre-A aus dem Jahr 1954 ist wohl einer der ältesten Porsche 356, der in Europa noch auf Rennstrecken zu sehen ist. Über 50 Jahre verbrachte er in einem ersten Leben in Kalifornien. Im Jahr 2010 bekam er dann eine zweite Chance auf ein weiteres aufregendes Leben als Rennwagen. Das Coupé wurde nach Europa verkauft, wo es der neue Besitzer nach den FIA-Regeln für den historischen Motorsport komplett umbaute. Der gerade einmal 750 Kilogramm schwere Porsche 356 Pre-A wird von einem Vierzylinder-Boxermotor mit 1598 ccm, der gute 170 PS Leistung bringt, angetrieben. Ein 75-Liter-Kraftstofftank sorgt dafür, dass der Porsche einige Zeit auf der Rennstrecke bleiben kann, ohne an die Box zum Nachtanken zu kommen. Ausgeliefert wurde der Porsche 1954 in der Wagenfarbe Silber. Heute kennen viele Rennbegeisterte den Wagen in der gezeigten Lackierung in Weiß mit der markanten grünen Front.

In der Regel ist dieser Porsche 356 einer der schnellsten in seiner Klasse. Sei es bei der Le Mans Classic-Veranstaltung, dem Goodwood Members' Meeting oder der Silverstone Classic. Bestzeiten, Klassensiege und Podestplätze sind für diesen Porsche 356 Pre-A in den Rennen fast schon reserviert.

42
46

Der Vierzylinder-Porsche erwies sich schon Anfang der 1950er-Jahre als idealer Sportwagen für Rundstreckenrennen. Mit einer bekannten Zuverlässigkeit brachte er seinen Piloten auf den eigenen vier Rädern zur Strecke, bestritt das Rennen und brachte den gewonnenen Pokal, Fahrer und sich selbst wieder nach Hause.

Auch wenn es mal mit der Zuverlässigkeit nicht klappen sollte, ist der Porsche immer für Überraschungen gut. Wie beim Goodwood Revival 2018, als der damalige Besitzer und Rennfahrer Sam Tordoff am Start unerwartet stehenblieb. Die Fordwater Trophy eröffnete das Samstagsrennen in Goodwood in diesem Jahr. Sam Tordoff hatte mit dem 356 in einer starken Leistung die Pole-Position für das Rennen geholt. Doch von der ersten Sekunde an ging alles schief, als Sam das Auto abwürgte und erst losfuhr, als das gesamte Feld bereits an ihm vorbeigezogen war. Mit einer großartigen Aufholjagd erreichte er am Ende den zweiten Platz und fuhr die schnellste Rennrunde – die Zuschauer quittierten diese Leistung mit großem Jubel. So hat der Porsche seine zweite Chance genutzt und ist nun fester Bestandteil historischer Rennen.

ER FÄHRT UND FÄHRT ›››››››

2
46
J.D Classics
paceproducts
BURNETT

ANDROS
48
46
NX 392

46
SXB670

512
71

FLÜGELWUNDER

FLÜGELWUNDER »»»»»

Schaut man auf die Anfänge des Automobilbaus, so gilt es als so gut wie sicher, dass mit dem Bau des ersten Fahrzeugs auch der Grundstein für den Motorsport gelegt wurde. Im Zusammenhang mit den Wettbewerben hat es sich rasant weiterentwickelt. Dazu brauchte es vom Sport und dem Konkurrenzkampf begeisterte Ingenieure und Techniker, die weit vorausschauend das Beste in den Rennwagen umsetzen konnten.

Einer dieser genialen Konstrukteure war der gebürtige Stuttgarter Michael May, den es schon bald nach seiner Jugend im Schwäbischen in die Schweiz zog. Bereits in jungen Jahren entwickelte er eine Leidenschaft für das Ingenieurswesen und eine damit verbundene Liebe für den Motorsport. Er schrieb sich an der Technischen Universität Zürich ein, um dort Maschinenbau zu studieren. Neben dem Studium war ihm aber immer auch seine Leidenschaft für den Motorsport wichtig. Sein Bruder Pierre, der als Bankier ein wenig Vermögen aufgebaut hatte, half Michael May in den 1950er-Jahren, einen gebrauchten Porsche 550 Spyder zu erwerben.
Dieser Wagen mit der Chassis-Nummer 0031 brachte es mit seinem luftgekühlten, 110 PS starken 1,5-Liter-Vierzylinder-Boxermotor auf eine Höchstgeschwindigkeit von etwa 220 km/h. Mit der Stromlinienform, dem neutralen Fahrverhalten und der imposanten Leistung dominierten die 550 Spyder die 1500-ccm-Klasse bei fast allen Rennen. Für Michael May war der Porsche Spyder ein ideales Auto, um daran noch das eine

1000-KM-RENNEN NÜRBURGRING

Im Training zum 1000-Kilometer-Rennen 1959 auf dem Nürburgring fuhr Michael May noch mit dem Flügel über seinem Porsche 550, wie auf dem Bild zu sehen ist. Nachdem May aber bessere Rundenzeiten als die Porsche-Werksmannschaft erzielte, legte Porsche-Rennleiter Huschke von Hahnstein erfolgreich Protest gegen die geniale Konstruktion von Michael May ein.

512
71
SOTTOZERO

»»»»»» FLÜGELWUNDER

oder andere zu verbessern oder noch ein wenig mehr Leistung aus dem kleinen Rennwagen herauszuholen. May erinnerte sich an einen von Opel für Werbezwecke gebauten Wagen mit Raketenantrieb aus dem Jahr 1928, den RAK 2. Die Rüsselsheimer versuchten mithilfe seitlich angebrachter Tragflächen dem Wagen einen negativen Auftrieb zu geben. Der Versuch gelang und Opel konnte mit 230 km/h einen neuen Höchstgeschwindigkeitsrekord aufstellen.

Der damals 22-jährige Michael May überlegte, wie er dieses Prinzip auch beim Porsche 550 umsetzen konnte. An seitlich angebrachte Flügel war nicht zu denken. So kam er auf die geniale Idee, den Flügel über dem Spyder zu befestigen. Da es sich um einen nahezu perfekt ausbalancierten Mittelmotorwagen handelt, sollte auch das Leitwerk genau mittig über dem Cockpit montiert werden. Nun war aber der Einstieg in den Wagen erschwert. Auch für dieses Problem hatte der junge Ingenieur eine Lösung, indem er mittels beweglicher Scharniere den Flügel aufstellen konnte. Das wiederum konstruierte May so geschickt, dass er mit den gleichen Scharnieren die Einstellung des Flügels während der Fahrt verändern konnte. Eine geniale Konstruktion, die sich bei Testfahrten auf langen Geraden als klarer Vorteil für den Abtrieb und damit in der Endgeschwindigkeit erwies. Mit den beiden Endplatten an den Flügelseiten verbesserte er deutlich das Strömungsverhalten und reduzierte auch hiermit den Luftwiderstand noch einmal erheblich.

Bei einem ersten Test des Wagens im Zuge des 1000-Kilometer-Rennens in Montlhéry erreichte er eine Durchschnittsgeschwindigkeit von 206,7 km/h. Ein erster Erfolg, doch May wusste, der Wagen konnte noch mehr. Er meldete sich gemeinsam mit seinem Bruder zum 1000-Kilometer-Rennen auf dem Nürburgring 1956 an. Der Erfolg von Paris-Montlhéry machte im Fahrerlager schon seine Runde und man war gespannt darauf, wie der Wagen aussah. Porsche selbst fuhr mit dem überarbeiteten und verbesserten Porsche 550 A in die Eifel. 133 PS und ein mit Aluminium aufgebautes Chassis sollten deutliche Verbesserungen gegenüber dem Vorgängermodell bringen. Das Auto der Gebrüder May wurde eher belächelt denn beachtet. Der Flügel sorgte für einigen Spott und Hohn unter den anderen Fahrern. Doch nach dem Qualifying verstummte dieser sehr schnell, stand der geflügelte May-Porsche doch mit rund vier Sekunden schnelleren Zeiten vor den Werks-Porsche und damit sogar auf Rang vier im Gesamtklassement.

Für den Porsche-Rennleiter Huschke von Hahnstein eine schwere Niederlage, die er so nicht auf sich sitzen lassen wollte. Mit schnellem Schritt ging Huschke zur Rennleitung und intervenierte mit all seinem rhetorischen Geschick, den 550 Spyder von May vor dem Start zu sperren. Eines der Hauptargumente von Hahnstein war, dass der Flügel die Sicht des nachfolgenden Fahrers behindere und dieser nicht mehr im Fall der Fälle rechtzeitig bremsen oder ausweichen könne. Auch sei der Flügel bei

BOSCH
TELEFUNKEN Radio
71

FLÜGELWUNDER ›››››››

einem Unfall ein unkalkulierbares Risiko und dies sei kurz nach dem verheerenden Crash von Mercedes in Le Mans 1955 nicht hinzunehmen. Die Rennleitung, die kurz zuvor dem Spyder von May noch die technische Abnahme gegeben hatte, verbot mit dem Flügel anzutreten. Damit hatten die Gebrüder May keine Chance mehr in diesem Rennen, in dem sie zu allem Pech auch noch mit einem Getriebeschaden ausfielen.

Michael May versuchte es knapp einen Monat später noch einmal bei einem 1000-Kilometer-Rennen in Monza. Auch hier wurde ihm der Flügel durch die Rennleitung nicht genehmigt. Mit viel Frust erreichte er vom letzten Startplatz aus den 18. Rang. Das sollte auch das letzte Rennen für den einmalig mit einem Flügel konstruierten Porsche 550-0031 sein. Der Wagen überlebte bis heute und ist nun original restauriert auf historischen Veranstaltungen wieder zu sehen. Was aus den Überlegungen zum Gebrauch von Flügeln an Rennwagen geworden ist, sah man erst zehn Jahre später, als der Formel-Sport die Vorzüge des negativen Auftriebes erkannte und bis heute in Perfektion umsetzt. Michael May haben wir noch viele weitere Erfindungen im Automobilbereich zu verdanken. So war er bei Daimler Benz maßgeblich an der Entwicklung der Direkteinspritzung beteiligt. Der Porsche 550 Spyder 0031 mit seinem orangefarben lackierten Flügel gilt aber als eine seiner spektakulärsten Erfindungen. Ein Wagen, der noch heute begeistert.

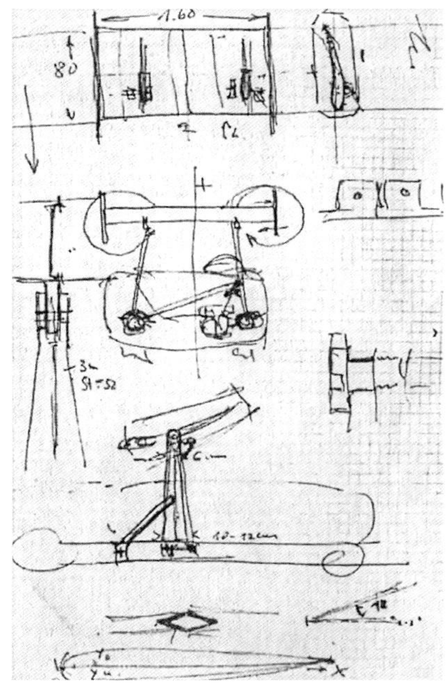

DER ERSTE FLÜGEL

Eine technische Zeichnung des umgedrehten Flügelprofiles von Michael May. Gut zu erkennen ist die Mechanik der manuellen Flügeleinstellung, die von Hand während der Fahrt justiert werden kann. Praktisch war dies der erste Porsche mit einem Flügel!

COMPETITOR
BE·62682
71

PORS

CHE

CARS & KOFFER

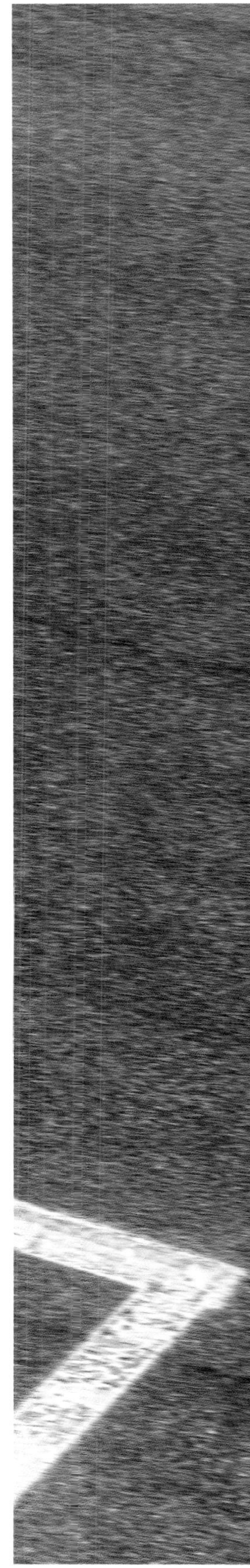

CARS & KOFFER

Mit dem Porsche 718 RS 60 stellte Porsche Anfang 1960 die letzte und radikalste Evolutionsstufe der Porsche-Rennsport-Spyder, angefangen beim Porsche 550 in den 1950er-Jahren, vor. Der RS 60 basiert auf seinem direkten Vorgänger, dem Porsche 718 RSK. Jedoch veränderte Porsche den Radstand um vier Zentimeter, was der Aerodynamik zugute kam. Um dem FIA-Reglement zu entsprechen, bekam der 718 RS 60 ein breiteres Cockpit. Zugleich wurde die Windschutzscheibe erhöht und ein Gepäckfach mit den Mindestmaßen 65 x 40 x 20 Zentimeter eingerichtet. Edgar Barth, der die Präsentation des Wagens begleitete, brachte hierzu einen kleinen Lederkoffer mit, um die korrekte Abmessung des Fachs zu demonstrieren. Auch musste der Wagen über ein Verdeck verfügen, welches aber im Rennbetrieb verstaut bleiben durfte.

Der Porsche 718 RS 60 bekam eine komplette Rundum-Überarbeitung. Der Gitterrohrrahmen wurde neu konstruiert, die Hinterachse erhielt Dreieckslenker mit Einzelradaufhängungen. Durch eine stark optimierte Vorderachse verbesserten sich die fahrdynamischen Eigenschaften deutlich. Diese Optimierungen waren mit Ausnahme des Gepäckfachs auch notwendig, da sich die Motorleistung durch das neue Reglement ebenfalls veränderte. Das zeigte sich daran, dass man den Hubraum des Carrera-Motors von 1,5 auf 1,6 Liter vergrößerte. Danach erzielte der Vierzylinder-Boxer mit vier Nockenwellen eine Leistung von 160 PS, was einer Literleistung von 100 PS entsprach.

PLATZ DA!

Hier demonstriert der Porsche-Werksfahrer Edgar Barth vor versammelter Presse in Stuttgart Zuffenhausen, dass im Porsche RS 60 ausreichend Platz für einen Koffer hinter dem Mittelmotor ist.

EFG
60
ZENITH
EFG
60
ZENITH

CARS & KOFFER ››››››

Für das erste Rennen, an dem Porsche mit dem 718 RS 60 teilnahm, musste das Team erst einmal über den Atlantik. Das Zwölf-Stunden-Rennen von Sebring war das Ziel. Porsche brachte zwei 718 RS 60 in die Staaten, der Konkurrent aus Italien gleich ein halbes Dutzend Ferrari 250. Da der Hauptsponsor des Rennens eine amerikanische Öl-Firma war und diese darauf bestand, dass alle teilnehmenden Teams auch ihre Schmier- und Treibstoffe benutzten, verzichteten die beiden Rennställe von Porsche und Ferrari auf einen eigenen Werkseinsatz, denn sie hatten zu dieser Zeit bereits andere Sponsorenverträge. Die Werksfahrer wurden aber dennoch engagiert und so starteten in den beiden 718 zum einen das Team mit Hans Herrmann und Olivier Gendebien sowie Bob Holbert und Roy Schecter. Nach dem Ausfall eines Maserati war der Weg für die beiden Porsche an die Spitze des Feldes frei und das Team Herrmann / Gendebien erzielte im ersten Rennen auch gleich den ersten Sieg.

Im dritten Rennen zur Sportwagen-Weltmeisterschaft 1960 ging es nach Sizilien auf die Targa Florio. Edgar Barth und Wolfgang Seidel hatten auf einem Porsche 718 RSK im vorherigen Jahr das Rennen gewonnen. Nun startete Edgar Barth zusammen mit Graham Hill auf einem von drei Porsche 718 RS 60. Die Strecke war genau das richtige Terrain für diesen Porsche. Alle drei Werkswagen kamen gut mit dem kurvigen Kurs zurecht. Sieger wurde nach zehn Runden das Porsche-Team Bonnier / Herrmann, gefolgt von einem Ferrari, pilotiert von Wolfgang von Trips und Phil Hill. Knapp dahinter folgte der zweite Werks-Porsche und der dritte, mit Barth und Hill, kam auf Platz 5.

Das vierte Rennen zur WM 1960, das 1000-Kilometer-Rennen auf dem Nürburgring, beendete Porsche auf dem zweiten und dem viertem Rang. Das letzte WM-Rennen waren die 24 Stunden von Le Mans. Hier hatte der 718 RS 60 auf den langen Geraden kaum eine Chance gegen die Konkurrenz. Um die Aerodynamik zu verbessern und die Geschwindigkeit zu erhöhen, wurden an der Karosserie Verkleidungen angebracht. Doch es reichte nur zu Platz zehn für Herbert Linge und Hans-Joachim Walter mit einem 356 Abarth GTL und den elften Platz für das Team Barth / Seidel auf einem Porsche 718 RS 60. Am Ende der Saison war Porsche punktgleich mit Ferrari. Die Italiener hatten aber schon das erste Rennen gewonnen und so wurde Porsche auch und gerade dank der Erfolge mit dem 718 RS 60 Vizeweltmeister 1960.

Um heute einen der raren Porsche 718 RS 60 zu sehen, muss man eigentlich in ein Museum gehen. Nur ein paar der 16 bis 18 Mal gebauten Sportwagen sind rennfertig und fahrbereit. Der Porsche 718 RS 60 mit der Fahrgestellnummer 067 gehört dem Schweizer Peter Vögele. Er fährt mit ihm gerne und ohne Probleme seit Jahren bei historischen Rennen. Und das mit viel Spaß und Erfolg, allerdings ohne Koffer im Gepäckteil.

RICHARD MILLE
3
Sarthe
2018

EFG
26

SPITZENSPORTLER

SPITZENSPORTLER ›››››

Heutzutage ist es unvorstellbar, dass ein und derselbe Rennwagen über vier Jahre hinweg im hochklassigen Motorsport gefahren wird. In den 1960er-Jahren war das aber kein Problem, wenn man mit einem Porsche wie dem 718 W-RS Spyder (Chassis 718-047) unterwegs war. Welch eine bewegte Geschichte für einen Rennwagen! Gebaut wurde das Fahrzeug 1961, ausgestattet mit dem bewährten 1600er-Königswellen-Motor. Seine außergewöhnliche Bezeichnung W-RS steht für den geplanten Einsatz in der Weltmeisterschaft.

Gleich bei einem seiner ersten Rennen 1961, bei der 45. Targa Florio, kam der Wagen auf Platz drei in der Gesamtwertung und auf dem zweiten Rang in der Gruppenwertung bis 2,0 Liter ins Ziel. Im Cockpit saßen Hans Herrmann und Edgar Barth. Das gleiche Team holte beim 24-Stunden-Rennen von Le Mans erneut den zweiten Platz in der Gruppenwertung bis zwei Liter und wurde Siebter in der Gesamtwertung. In dieser Saison hatte der 718-047 ausschließlich den Vierzylindermotor eingebaut. Der Wagen war aber schon für den flachen 2,0-Liter-Achtzylinder-Boxer ausgelegt. Diesen Motor mit 210 PS Leistung bekam der W-RS Spyder dann für die Saison 1962 installiert. Dank eines Leergewichts von gerade einmal 684 Kilogramm in Kombination mit dem Sechsganggetriebe erzielte der Wagen eine Höchstgeschwindigkeit von gut 260 km/h. Die Trommelbremsen wurden dafür gegen innenbelüftete Scheibenbremsen ausgetauscht.

33
S-MC 147

100

SPITZENSPORTLER ‹‹‹‹‹‹‹

Nach sensationellen Klassensiegen bei der Targa Florio 1962 sowie bei den 1000 Kilometern auf dem Nürburgring, wo dieser Wagen jeweils den dritten Platz in der Gesamtwertung belegte, eroberte Porsche den zweiten Platz in der Sportwagen-Weltmeisterschaft. Mitte des Jahres 1962 betrat der RS Spyder eine weitere Arena: Bergrennen. Mit seinen 210 PS sollte sich der 718 W-RS Spyder im Kampf um die Berg-Europameisterschaft durchsetzen, die bis dahin eine Domäne der Privatfahrer mit Vierzylinder-Spydern gewesen war. In der Saison 1962 startete 718-047 bei vielen europäischen Bergrennen. Heini Walter wurde jeweils Zweiter auf dem Mont Ventoux (Frankreich), Trento Bondone (Italien), Freiburg-Schauinsland (Deutschland) und Dritter in Ollon-Villars (Schweiz). Zwischen September und Dezember 1962, also in weniger als drei Monaten, nahm der W-RS auch an mindestens sieben weiteren Rennen in Kanada, den USA, Puerto Rico und auf den Bahamas teil. Die besten Ergebnisse waren dabei der dritte Platz beim GP Puerto Rico (Erster in der 2,0-Liter-Klasse), am Steuer Dan Gurney, und der zweite Platz bei den Bahamas Speed Weeks (Erster in der 2,0-Liter-Klasse), gefahren von Bob Holbert (gleiches Ergebnis in Rennen 1+2).

Für die Saison 1963 erhielt der W-RS eine neue Frontpartie mit einer kleineren Frontklappe. Die Deckel und Türen bestanden nun aus Glasfaser, eine Premiere für Porsche. Der Motor wurde überholt und mit weiteren zusätzlichen 30 PS (nun 240 PS Gesamtleistung) ausgestattet. In dieser Saison sollte der Rennfahrer Edgar Barth mit dem W-RS Spyder Geschichte schreiben und aufzeigen welch Spitzensportler ein Porsche Rennwagen sein kann. Barth knüpfte bei der Berg-Europameisterschaft an die guten Erfolge des Wagens von 1962 an. Bei den Rennen in Trento-Bondone, Cesana-Sestriere (beide Italien), Freiburg-Schauinsland (Deutschland), Ollon-Villars (Schweiz) und Gaisberg (Österreich) erreichte Barth als erster das Ziel und gewann damit auch den Titel Berg-Europameister 1963.

Das 24-Stunden-Rennen von Le Mans 1963 ist eine eigene Geschichte, die im Folgenden erzählt wird: Porsches Pech setzte bereits vor dem Start ein. Für dieses 24-Stunden-Rennen änderte der Automobile Club de l'Ouest die Regularien. Die 2,0-Liter-Klasse wurde auf 4,0 Liter angehoben. Somit musste sich der Porsche nun mit den allmächtigen Ferraris auseinandersetzen. Das wiederum verlangte von Fahrer und Fahrzeug alles ab. Angetreten zum Rennen mit dem W-RS war das Team Edgar Barth und Porsche-Urgestein Herbert Linge. Beide kannten den Wagen in- und auswendig. In den Kurven der 13 Kilometer langen Rennstrecke von Le Mans, holten die beiden immer wieder Zeit auf die stärkeren Ferraris auf, die auf den langen Geraden schneller waren. Auch der Zweiliter-Motor im Porsche war sparsamer als die Maschinen der Konkurrenz, sodass weniger Boxenstopps einzuplanen waren. In der Nacht lag das Porsche-Team schon auf dem fünften Platz und holte immer weiter auf, was auch die direkten Konkurrenten so langsam aufhorchen ließ. Doch ein paar Stunden nach Sonnenaufgang löste sich beim Porsche der rechte Hinterreifen. Die Box vor Augen stellte Edgar Barth

›››››› SPITZENSPORTLER

den Porsche am Streckenrand ab. Als alles auf einen Ausfall hindeutete, nahm Barth seine ganze Kraft zusammen und schob eigenhändig den fast 700 Kilogramm schweren dreirädrigen Porsche mehr als 500 Meter weit, bis er erschöpft die Box erreicht hatte. Nach mehr als anderthalb Stunden und etwa 20 verlorenen Runden konnte der reparierte 718 wieder auf die Strecke zurückkehren und das Rennen auf einem heldenhaften achten Platz beenden. Ein Beweis für Edgar Barths Sportgeist, der im Motorsport selten zu sehen ist.

Im März 1964 wurde der W-RS erneut nach Übersee verfrachtet, um am 12-Stunden-Rennen von Sebring teilzunehmen. Das Auto hatte aber dort keine richtige Chance, um gegen die dominierenden Ferraris und Shelby-Cobras mit ihren viel größeren Motoren mitzuhalten. Der W-RS wurde nach Europa zurückgebracht, um an der Targa Florio teilzunehmen, aber technische Probleme verhinderten einen Sieg beim italienischen Klassiker.
Es war an der Zeit, den W-RS dorthin zurückzubringen, wo er unschlagbar war – zu den Bergrennen. Am Mont Ventoux wurde Barth Zweiter und gewann am Gaisberg. Es folgten die Rennen in Trento-Bondone, Cesana-Sestriere und Freiburg-Schauinsland – Barth siegte bei allen, wie schon im Jahr zuvor, und wurde zum zweiten Male nach 1963 Berg-Europameister! Ein wahrer Spitzensportler, der Porsche 781 W-RS Spyder und seine Fahrer, wie Edgar Barth oder wie auf den Bildern zu sehen, Rallye-Ass Walter Röhrl beim Rossfeldrennen.
Auch für die Porsche-Mechaniker war der W-RS ein guter alter Bekannter in der Rennabteilung. Durch die zahlreichen Einsätze bis in das Jahr 1964 bekam der Wagen den Spitznamen »Großmutter« verliehen.

100

100

DIE FORMEL ZUM SIEG

601
602
Museum

DIE FORMEL ZUM SIEG ›››››››

Porsches Ausflug in die Formel 1 in den Jahren 1961 und 1962 war geprägt von Höhen und Tiefen. Die Zuffenhausener führten im März 1962 erste Fahrversuche mit dem für die Saison 1962 entwickelten Formel-1-Wagen mit der internen Typen-Bezeichnung 804 durch. Um mit der Konkurrenz mithalten zu können, wurde er mit einem 1,5-Liter-Achtzylinder-Boxermotor ausgestattet. Porsche gab eine Leistung von 180 PS bei 9200 U/min an. Gegenüber dem Vorgängermodell Typ 787 aus dem Jahr 1961 verbesserte Porsche einiges am 804. So wurde ein komplett neuer Gitterrohrrahmen aus geschweißtem Stahlrohr angefertigt. Die komplette Karosserie bestand aus Aluminium. Durch das nun horizontal über dem Motor angeordnete Kühlgebläse kam der Rennwagen deutlich niedriger als sein Vorgänger daher. Zahlreiche Einzelteile am Monoposto waren kostspielige Sonderanfertigungen, die aus dem Projekt Formel 1 eine teure und höchst riskante Aktion für Porsche machen sollten.

Zum ersten Lauf der Formel-1-Saison 1962 ging es in die Niederlande. Der amerikanische Rennfahrer Dan Gurney und der Schwede Joakim Bonnier waren die beiden ersten Piloten, die mit den zwei Werks-804 an den Start gingen. Gurney startete von Platz 8 und Bonnier von Platz 13. Anfangs lief es gar nicht so schlecht für Dan Gurney, den schnelleren Porsche-Piloten in der Qualifikation. Er überholte einen Konkurrenten nach dem anderen und nach wenigen Runden lag Gurney schließlich auf dem dritten Rang. Doch ein Getriebeschaden machte jegliche Hoffnung im ersten Rennen auf einen Podiumsplatz zunichte. Immerhin kam Teamkollege Jo Bonnier mit fünf Runden Abstand auf den Führenden als siebter ins Ziel.
Im nächsten Rennen, dem Großen Preis von Belgien, verzichtete Porsche auf einen Start. Ein Streik im Stuttgarter Werk verhinderte eine ernsthafte Teilnahme. Man nutzte die ungewollte Pause und gab den Ingenieuren noch einmal Zeit, sich intensiv mit dem 804 und möglichen Verbesserungen zu beschäftigen.

Beim folgenden Rennen, dem Großen Preis von Frankreich in Rouen, war Porsche wieder dabei. Auf dem 6,542 km langen Kurs in der Normandie startete Dan Gurney von Platz 6 und Joakim Bonnier von Platz 9. Eine spannende Wettfahrt sollte es werden, die in die Geschichte der Porsche-Erfolge einging. Graham Hill auf B.R.M. überholte kurz nach dem Start Jim Clark, der auf einem Lotus-Climax unterwegs war. Clark, nun auf dem zweiten Rang, bekam Druck von seinen Verfolgern Surtees, McLaren und Brabham, die alle um seinen Platz kämpften. Dabei blieben Blessuren nicht aus. Brabham fiel nach fünf Runden aufgrund eines technischen Defekts aus. Beim Cooper-Climax, gefahren von Bruce McLaren, kam es ebenfalls zu einem technischen Defekt im Getriebe, in dessen Folge er von der Strecke abkam und zur Reparatur an die Box musste. Auch Surtees rollte außerplanmäßig an die Box. An der Spitze nun Hill und Clark

»»»» DIE FORMEL ZUM SIEG

gefolgt von Dan Gurney im Porsche. Hill führte, musste aber alles geben, um vorne zu bleiben und kollidierte dabei mit einem anderen Fahrer. Clark übernahm die Führung. Doch auch ihn sollte das Glück bei diesem Rennen verlassen und so fiel er wegen technischer Probleme aus. Damit führte schließlich Dan Gurney das Rennen an und verteidigte diese Position bis zum Rennende. Den ersten Sieg in der Formel 1 feierte Porsche somit beim Großen Preis von Frankreich 1962. Heute gehört ein Typ 804 von 1962 zum rollenden Porsche Museum. Es ist jedes Mal ein Genuss, diesen Monoposto zu hören und zu sehen. Ein typischer Porsche-Sieger.

#TRIBUTE TO A LEGEND

2018 feierte Porsche sein 70-jähriges Jubiläum mit einem besonders aktiven »rollendem Museum«. Doch das Jahr startete zunächst mit einer traurigen Nachricht: Im Alter von 86 Jahren starb am 14. Januar 2018 die Porsche-Legende Dan Gurney. Auf seinem Formel-1-Siegerwagen vom Grand Prix von Frankreich 1962 gedachte Porsche seiner mit einer speziellen Grußbotschaft: #DanGurneytribute.

602

2018

74
ANDIAL

ORIGINAL

75
SHELL
74

ORIGINAL

Für 12.500 Dollar stand dieser Porsche 906 im Jahr 1974 in der amerikanischen Zeitschrift »356 Registry« zum Verkauf. Viel Geld für die damalige Zeit und gemessen am Neuwagenpreis von rund 45.000 Mark für einen Porsche 906 Baujahr 1966 keine große Wertminderung (damaliger Kurs US-Dollar zu DM etwa 3,5 : 1). Doch der Wagen fand ein Jahr nach der Ölkrise 1973 keinen Abnehmer. So blieb der 906-148 bei seinem damaligen Besitzer George Valerio, der 1975 an den Monterey Historic mit diesem Wagen teilnahm. Dort lauschte er einem fachlich wichtigen Gespräch zwischen den beiden Rennfahrerlegenden Dan Gurney und Phil Hill. Es ging darum, wie man am besten und am schnellsten die Kurve 8 in Monterey bewältigen könnte.

Beim Rennen legte George Valerio im Porsche 906 einen Frühstart hin und überholte noch vor der Startlinie einen der Ford GT 40. Das Rennen begann hitzig und schon in der ersten Runde kam es zum fulminanten Unfall eines Ferraris, woraufhin das Rennen neu gestartet wurde. Valerio verbannte man aufgrund seines verfrühten Starts auf den letzten Startplatz. Doch sein Porsche 906 war richtig schnell und so jagte er mit dem Wagen über die Strecke, arbeitete sich Runde um Runde weiter nach vorn. Dabei spielte er jedes Mal in der Kurve 8 virtuos mit allen drei Pedalen, genauso wie er es zuvor von Dan Gurney und Phil Hill gehört hatte. Er fuhr direkt die Ideallinie und flog mit seinem 906 sprichwörtlich über die Curbs. Am Ende des Rennens

ORIGINAL ›››››››

kam er als Dritter ins Ziel. Eine Platzierung, die Hill neugierig machte und bei ihm die Frage aufkommen ließ, wie George Valerio den besten Weg durch die Kurve 8 so gut kennen konnte. Dies ist nur eine kleine Anekdote in der wahrlich großen Geschichte des Porsche 906-148.

Ausgeliefert wurde dieser 906 im April 1966 an Ralph Trieschmann in die USA. Damals stand der Wagen noch in dem vom Werk ausgelieferten unschuldigen Weiß da. Doch so vielfältig wie die Geschichte des Autos ist, so vielfältig war auch die Lackierung des 906 bis heute. Trieschmann, der zuvor auf einem Elva-Porsche an Rennen teilgenommen hatte, fuhr im Jahr 1966 insgesamt zehn Rennen in den USA mit den 906-148. Danach wurde der Porsche weiterverkauft an einen Geschäftsmann aus Wisconsin: Erwin Uihlein jr., der zwar erfolgreich eine Brauerei leitete, aber mit dem Wagen nicht fahren durfte. Seine Familie verbot ihm die Teilnahme am Motorsport, was ihn jedoch nicht daran hinderte, privat einen Straßen-Porsche zu fahren, mit dem er später tragischerweise bei einem Verkehrsunfall ums Leben kam. Uihlein hatte den 906-148 zuvor an Mark Kronn gegeben, der 1967 mit dem Porsche an acht Rennen teilnahm.
Ein Ohrenarzt aus Chicago sollte der dritte stolze Besitzer des 906 werden. Merv Rosen, ein Motorsport-Begeisterter, der seit den 1950er-Jahren Rennen fuhr. Von 1968 bis 1972 startete Rosen mit dem Porsche bei elf Rennen und sammelte dabei Renn-

E
74
Carrera 6
SHELL

›››››› ORIGINAL

kilometer wie sonst wohl kaum ein anderer Fahrer mit einem Porsche 906. Der Wagen war mittlerweile orangefarben lackiert. Nach einem weiteren Besitzerwechsel kam der Wagen schließlich wieder zu George Valerio zurück.

1975 verkaufte Valerio den Wagen erneut und so wechselte der Porsche noch weitere vier Mal seinen Eigentümer, bis er letztendlich 1987 in den Besitz der Familie Wade Carter überging. Immer wieder durfte sich der Wagen bei historischen Rennen in den USA zeigen. 2006 wurde der Porsche dann einer aufwendigen und fast zwei Jahre dauernden Restaurierung unterzogen. Dabei kam, trotz der langen Renngeschichte und der vielen Besitzerwechsel, zur Verwunderung aller heraus, dass sich der Porsche 906-148 in einem fast originalen Zustand befand. Selbst das Getriebe hatte noch die Originalnummer 148. Heute darf der nun in einem warmen Gelb lackierte Wagen wieder bei historischen Rennen mitfahren. Dabei besticht er nicht nur durch seine Farbgebung. Auch wegen seiner Fahrleistungen, die der 906 schon in seinen frühen Rennjahren in zahlreichen Rennen unter Beweis stellen konnte, fährt er noch ganz vorne mit.

E
74
SHELL

74
E
74
Carrera 6
SHELL

WINGS OF FORTUNE

PORSCHE

WINGS OF FORTUNE ›››››

Mit dem Schweizer Rico Steinemann stellte Porsche Anfang 1969 seinen neuen Rennleiter vor. Steinemann sollte als Nachfolger von Huschke von Hahnstein, der gemeinsam mit Porsche zahlreiche Erfolge in den vorangegangenen Jahrzehnten eingefahren hatte, die motorsportlichen Ambitionen in ein neues Zeitalter führen. Für Ferry Porsche und den damaligen Verantwortlichen für das Sportprogramm der Zuffenhausener, Ferdinand Piëch, war Steinemann der Wunschkandidat für diese Position. Erfahrungen hatte er als Motorsport-Journalist und als Rennfahrer ausreichend sammeln können und zudem war der Eidgenosse ein exzellenter Kenner der Motorsportwelt mit weitreichenden Verbindungen.
So gesehen galt die Saison 1969 als Startschuss für ein neues und, wie sich zeigen sollte, auch sehr erfolgreiches Kapitel in der Renngeschichte von Porsche. Nach vielen Klassensiegen und etlichen internationalen und nationalen Erfolgen wollten endlich Gesamtsiege und Meisterschaften gewonnen werden. Ein ganz wichtiges Ziel stand dabei allen immer vor Augen, der erste Gesamtsieg bei den 24 Stunden von Le Mans.

Eines der ersten Rennen in der Sportwagen-Weltmeisterschaft, das Rico Steinemann als Rennleiter zu verantworten hatte, war 1969 das 1000-Kilometer-Rennen im belgischen Spa-Francorchamps. Die Porsche-Werksmannschaft meldete fünf Rennwagen an, darunter vier Porsche 908 LH (Langheck) und – zur Überraschung vieler – einen Debütanten: den 917. Der stand für die beiden Fahrer Jo Siffert und Brian Redman zur Verfügung. Siffert hatte die Wahl zwischen dem bewährtem 908 LH und dem 917. Im Training stellte sich schnell heraus, dass der neue Porsche noch nicht reif für ein Rennen war. Als Jo Siffert nach den ersten Testrunden, in denen er zum Teil die komplette Streckenbreite zum Steuern des Rennwagens benötigt hatte, wieder ausstieg, war ihm klar, dass er das Rennen nicht mit dem 917 fahren würde. So entschied sich das Team Siffert / Redman für den Porsche 908 LH, auch wenn sich dieser Wagen nicht wesentlich einfacher fahren ließ. Die Aerodynamik des 908 war schwierig in den Griff zu bekommen und bei höheren Geschwindigkeiten schoss das Adrenalin bei manch einem Rennfahrer genauso in die Höhe wie die Beschleunigungswerte, die der Bolide aufwies. Der Porsche 908 verlangte seinen Fahrern viel Mut ab, das Heck des Wagens schlingerte über die gesamte Fahrbahnbreite. Ein Nachteil für den Piloten, doch zugleich ein kleiner Vorteil gegenüber der Konkurrenz, für die es dadurch fast unmöglich schien, den Wagen zu überholen.
Jo Siffert und Brian Redman, die mit der Startnummer 25 antraten, fuhren in Spa-Francorchamps ein gutes Rennen. Ferrari war mit seinem Modell 312P eine starke Konkurrenz. Porsche fuhr aber mit dem 908 ein fast fehlerfreies Rennen und so kam das Team Siffert / Redman mit über drei Minuten Vorsprung ins Ziel. Auf Platz zwei fuhr der Ferrari, gefolgt von zwei weiteren

25
BOSCH

»»»»»» WINGS OF FORTUNE

Porsche 908 auf den Plätzen drei und vier. Ein weiterer Sieg für Porsche unter der Leitung von Rico Steinemann auf dem Weg zur Sportwagen-Weltmeisterschaft von 1969.

Der hier auf der kalifornischen Rennstrecke Laguna Seca gezeigte Porsche 908-025 Langheck hat ein ganz spezielles aerodynamisches System am Heck. Wahrlich eine technische Meisterleistung der Ingenieure aus Zuffenhausen, die schon früh mit verschiedenen Flügeln und weiteren Entwicklungen im Windkanal die Fahrdynamik ihrer Rennwagen kontinuierlich verbesserten. Am Heck des Wagens sind links und rechts zusätzliche bewegliche Flügel angebracht. Damit stabilisierte sich das Fahrverhalten des Porsche 908 Langheck deutlich in den Kurven und auf den Geraden einer Rennstrecke. Die Versuchsreihe startete schon früh mit einem Porsche 906 Carrera 6, der als »Klappenauto« (»the flap car«) berühmt wurde. Im Gegensatz zu einteiligen Flügeln oder den Wing-Cars in der Formel 1, ging Porsche hier einen deutlichen Schritt weiter und testete verschiedene Querruder und verstellbare Klappen an der Front sowie am Heck des Fahrzeugs. Dabei konnten die Klappen mittels einer einfachen Mechanik vom Fahrer direkt im Cockpit bedient werden. Immer stärkere Motoren und bessere Fahrleistungen machten die Entwicklung am Fahrwerk und an der Aerodynamik notwendig. Das bedeute aber zunächst für den Fahrer eine deutliche Mehrbelastung.

Mit zahlreichen Runden um den werkseigenen Kurs in Weissach sowie auf der heimischen Strecke des Hockenheimrings wurde so lange getestet, bis man schließlich ein System entwickelt hatte, das die Flügel optimal mit einem Lenk- oder Bremsmanöver zusammen bewegte. Dies führte nun zu einer deutlich besseren Fahrstabilität des Rennwagens und zu einem Vorteil gegenüber der Konkurrenz aus Italien oder den USA. Motiviert von den Erfolgen des 908 in der Saison 1969 sowie technischen Weiterentwicklungen, wie dem Flügelsystem am 908 LH, gewann der schwäbische Hersteller seinen ersten großen Titel, die Sportwagen-Weltmeisterschaft 1969.

25
20
BOSCH

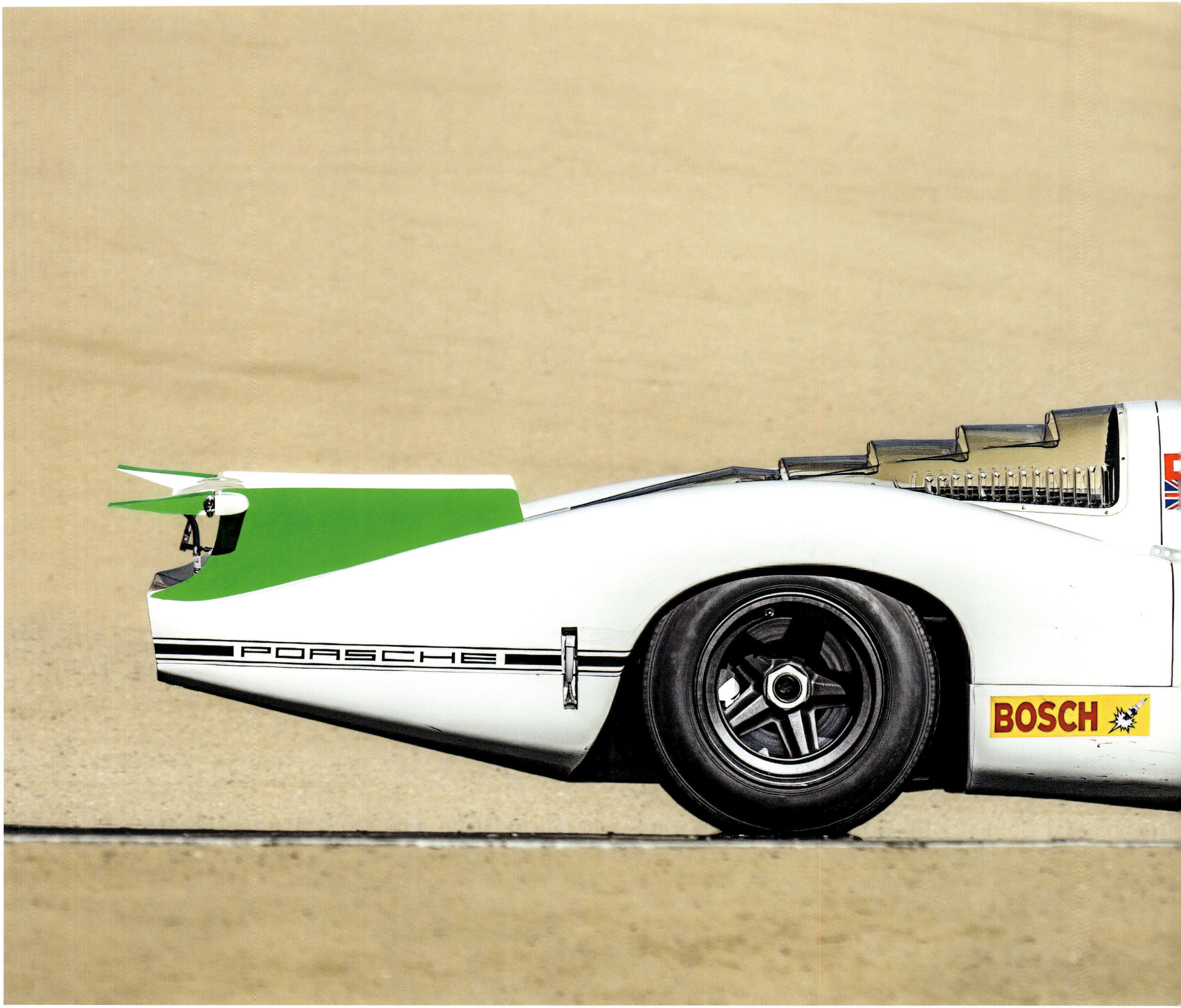
PORSCHE
BOSCH

25
Firestone

917 001

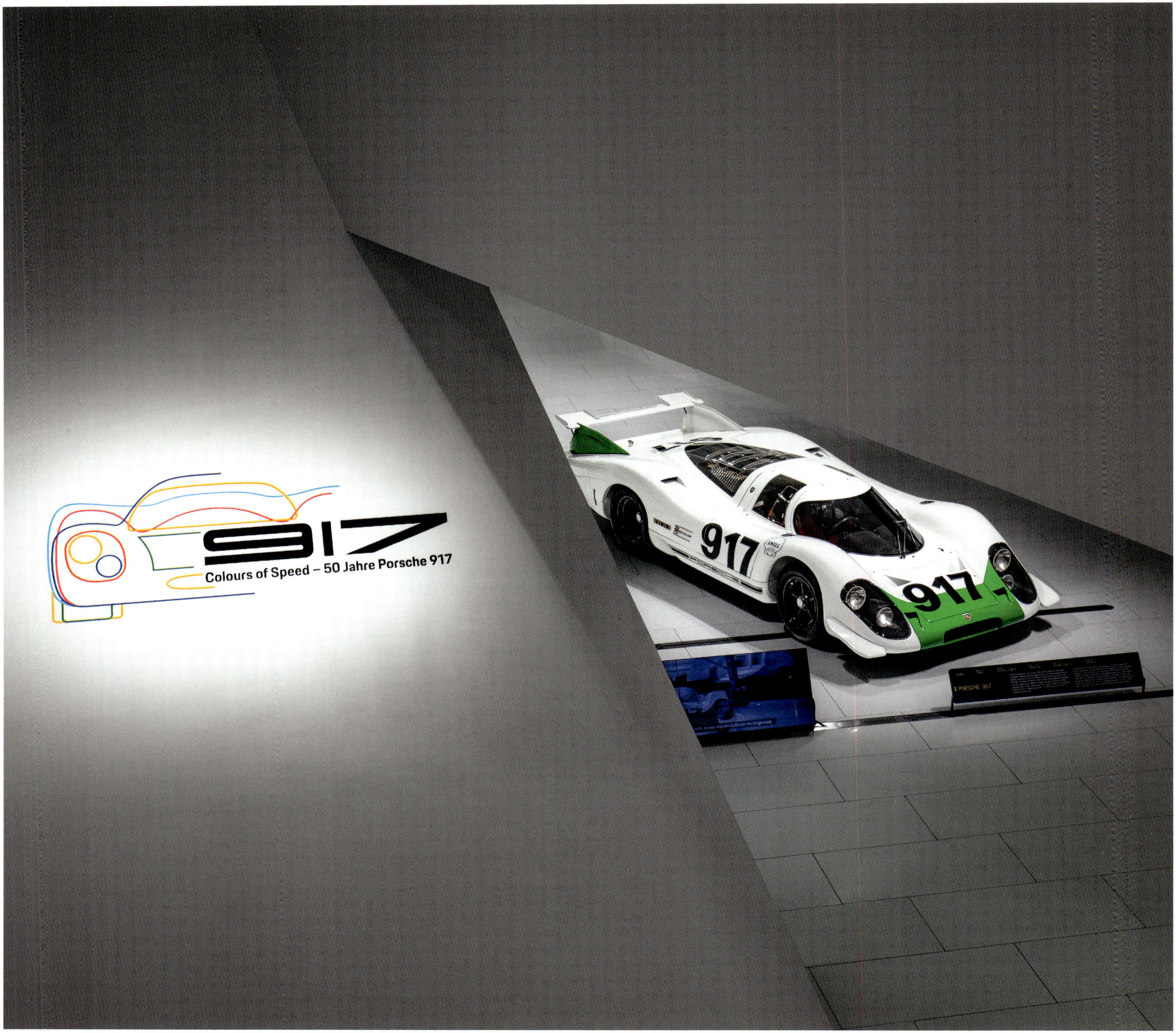
917
Colours of Speed – 50 Jahre Porsche 917

‹‹‹‹‹‹ 917 001

Ferdinand Piëch, Enkel von Ferdinand Porsche, steht im Jahr 1969 am Stand des Schweizerischen Automobilverbandes auf dem Genfer Automobilsalon. Neben ihm ein neuer Rennwagen. Ganz klar, bei dem Auto, das hier das erste Mal der Öffentlichkeit präsentiert wird, handelt es sich um den neuesten Rennwagen aus dem Hause Porsche. Es ist der legendäre 917. Piëch ist stolz auf sein jüngstes Projekt, das er zusammen mit dem Rennfahrer Gerhard Mitter vorstellt. Lediglich zwei Tage vor der Eröffnung der Messe wurde der Wagen fertig. Nun präsentiert er sich dem Publikum ganz in Weiß mit einer grün lackierten Front. Genau 20 Jahre nachdem sich Porsche das erste Mal überhaupt auf dem Genfer Salon präsentiert hatte.

Der Wagen soll, nein er muss endlich den gewünschten Erfolg für Porsche beim 24-Stunden-Rennen von Le Mans bringen. Die Zuffenhausener hatten bis dahin bereits fast alles gewonnen, was es zu gewinnen gab, auch etliche Klassensiege beim Rennen in Le Mans waren darunter. Aber noch nie hatte es mit dem Gesamtsieg beim 24-Stunden-Klassiker geklappt. Piëch, als genialer wie kompromissloser Konstrukteur bekannt, setzte mit dem neuen Porsche 917 fast alles auf eine Karte. Das Presseecho auf der Messe war riesig und man war äußerst gespannt, was der Neue so alles auf den Rennstrecken erreichen könnte. Die Geschichte der Rennwagen und Rennen mit dem Porsche 917 ist weitgehend bekannt und hatte mit dem Gesamtsieg 1970 im Le-Mans-Rennen einen ihrer Höhepunkte.
Zur Geschichte des in Genf vorgestellten Wagens mit der Nummer 917-001: Er hat nie an einem Rennen teilgenommen. Kurz nach der Vorstellung in Genf war der Wagen wieder zurück in Stuttgart. Dort sollte er nun von der C.S.I. die Homologation für den Einsatz auf der Rennstrecke bekommen. Der Prüfer bestand aber darauf, dass alle für eine Zulassung notwendigen 25 Exemplare fertig gebaut sein müssten. Nach einem weiteren Monat war es dann soweit und die 001 stand am Anfang von 25 Porsche 917, die wie an der Schnur aufgereiht im Hof des Porsche Werk 1 standen.
Danach wurde der 001 für weitere Fahrtests an die Südschleife des Nürburgrings gebracht. Nach nur fünf Runden musste der Porsche-Werksrennfahrer Rolf Stommelen allerdings das Auto infolge eines Motorschadens wieder abstellen. Weitere Tests im Entwicklungszentrum Weissach folgten. Auf der 69er IAA in Frankfurt konnte sich der 917-001 ein zweites Mal auf einer Messe der interessierten Öffentlichkeit stellen, jetzt aber mit orangefarbenen Streifen auf weißem Grund. Für die Vorstellung des Teams John Wyer, das für Porsche die Rennen zur Sportwagen-Weltmeisterschaft im Jahr 1970 bestreiten sollte, wurde der 917-001 noch einmal umlackiert in den Farben den Sponsors Gulf, Hellblau und Orange.

Erst im Juni 1970 wurde der Wagen noch einmal zu einem exklusiven Empfang im Garten eines Schlosses in der Nähe von Le Mans gezeigt. Vielleicht war das Fahrzeug Nummer 001 ein Glücksbringer für den Porsche 917-23, der 1970 schließlich den ersten Gesamtsieg einfahren konnte. Die Schwaben verkauften den Siegerwagen 917-023, verpassten 917-001 aber später dessen Optik und ließen ihn im Museum als Double posieren. In diesem Zustand blieb das Rennauto bis 2017. Für das Jubiläumsjahr »50 Jahre Porsche 917« im Jahr 2019 wurde beschlossen, 917-001 wieder in seinen ursprünglichen Zustand vom Genfer Automobilsalon 1969 zu versetzen. Das komplette Heckteil wurde hierfür neu aufgebaut und der Wagen ist mit so vielen Originalteilen wie möglich zusammengesetzt worden. Das Ergebnis kann sich sehen lassen und konnte zum Jubiläum im Porsche Museum in Stuttgart bestaunt werden. Nun erwacht der 917-001 als Mitglied des rollenden Museums beim ein oder anderen historischen Rennen wieder zum Leben.

STRICH-DREI

PORSCHE
STUTTGART

STRICH-DREI ›››››››

»Keine Kompromisse« lautete die Devise, die Ferdinand Piëch an seine Ingenieure bei Porsche ausgab, wenn es um den extremen Leichtbau im Motorsport ging. So entstanden Rennwagen wie der 909 Bergspyder, der knapp unter 400 Kilogramm Gewicht auf die Waage brachte. Dieser Bergrennwagen stellte wiederum eine gute Basis für den 908 / 03 dar, den Porsche für die Saison 1970 vorstellte. Man hatte im Jahr zuvor die Sportwagen-Markenweltmeisterschaft gewonnen und wollte diesen Triumph wiederholen. Dazu galt es, auf den verschiedenen Rennstrecken wie der extrem kurvenreichen Strecke der Targa Florio auf Sizilien oder dem Langstreckenrennen von Le Mans mit dem jeweils optimalen Rennwagen anzutreten. Mit gleich zwei Rennwagen-Typen, dem 917 und dem Porsche 908 / 03, ging Porsche 1970 ins Rennen um die Markenweltmeisterschaft. Dabei war der 908 / 03 für die kurvigen, eher verwinkelten Rennstrecken gedacht und der 917 für die schnellen Rundkurse.

Der Achtzylinder-Boxermotor des Typ 908 war eine Weiterentwicklung des 1967 erstmals getesteten Dreilitermotors und brachte es im Typ 908 / 03 auf eine Leistung von gut 370 PS. Durch zahlreiche Test- und Entwicklungsphasen hatte man das Gewicht des Motors auf gerade einmal 180 Kilogramm reduzieren können. Um diese geringe Masse zu erreichen, baute man Zylinder und die passenden Köpfe aus Aluminium. Alle Deckel bestanden aus Magnesium; Titanpleuel und ein Kurbelgehäuse aus einer Magnesiumlegierung machten das Triebwerk noch leichter. Neu waren auch der Einsatz von gelochten Bremsscheiben, die zum einen den Vorteil hatten, die Wärme besser abzuführen, und zum anderen bei nasser Fahrbahn ein wesentlich besseres Ansprechverhalten aufwiesen. Jedes weitere Loch in der Bremsscheibe reduzierte zudem das Gesamtgewicht des Fahrzeugs, was als Beispiel für die konsequente Entwicklungsarbeit zum Thema Leichtbau bei Porsche gelten darf.

Der damalige Projektleiter Manfred Bantle und sein Team arbeiteten an jedem noch so kleinen Detail, um den 908 / 03 leichter und schneller zu machen. Für die Karosserie zeichnete Eugen Kolb verantwortlich. Er erschuf eine fast schon wunderbar einfache Form für den 908 / 03, die ohne jegliche Flügel auskommt. Geholfen hatte dabei auch die Entwicklungsarbeit im Windkanal. Der Fahrer sitzt im Porsche 908 / 03 ungewöhnlich weit vorne. Fast hat man das Gefühl, man säße vor der Vorderachse. Durch eine geniale Aufteilung des Antriebsstrangs, das Differenzial lag hinter dem Getriebe, wurden Motor und Fahrersitz weiter nach vorne geschoben. Damit erreichten die Techniker um Manfred Bantle eine fast perfekte Achslastverteilung von 45:55. Für die Piloten war es am Anfang ein ungewohntes Gefühl, so weit vorne zu sitzen, doch mit jeder Bestzeit schwan-

40
Gulf
406

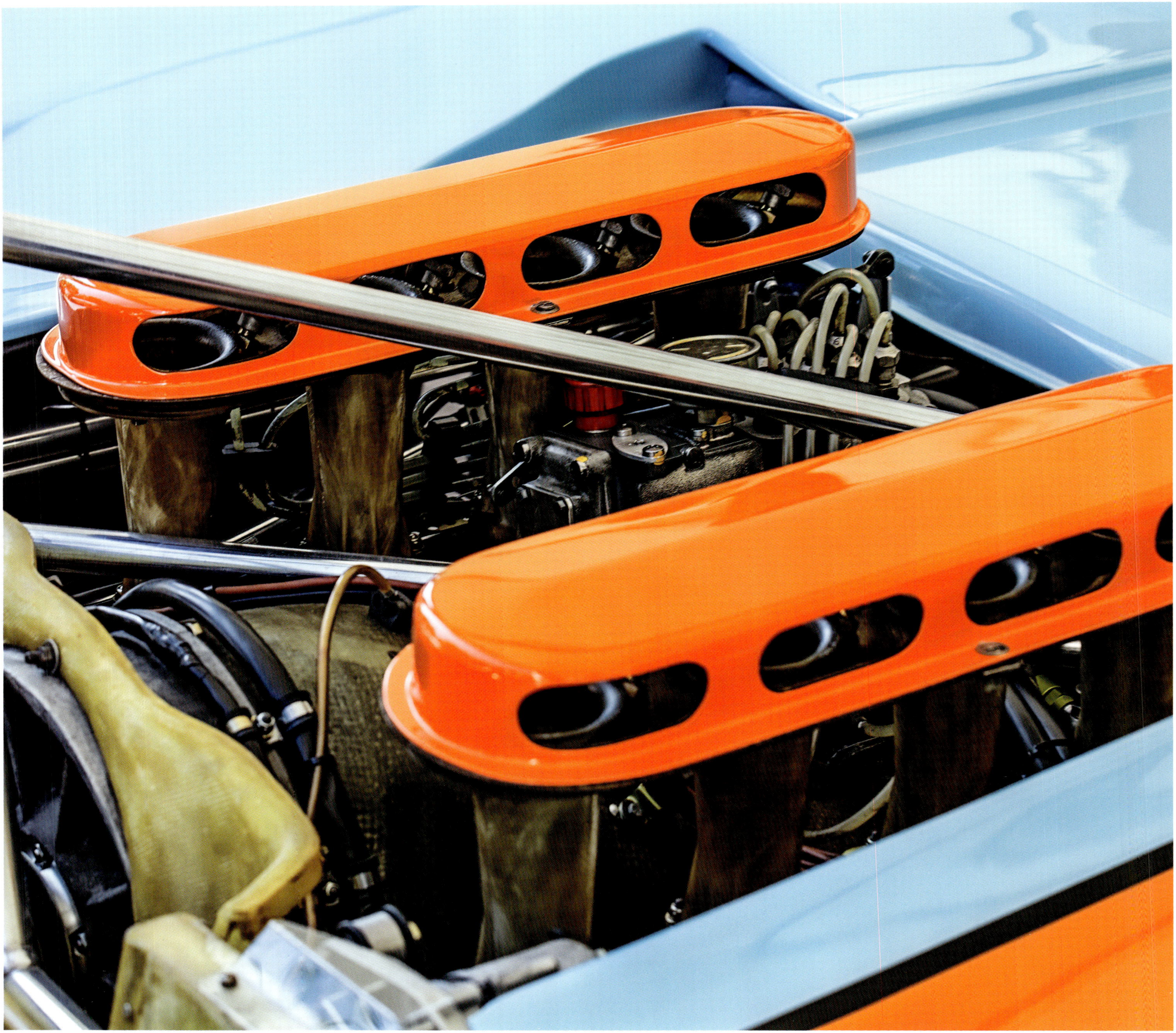

VW T1

Da die Rennfahrer im Porsche 908 / 03 ziemlich weit vorne und fast aufrecht saßen, bekam der Porsche von den Rennmechanikern den Spitznamen »VW Bus«.

STRICH-DREI ‹‹‹‹‹‹‹

den die Bedenken. Von den Ingenieuren bekam der Rennwagen wegen der sehr aufrechten und knapp hinter der Vorderachse befindlichen Sitzposition den Spitznamen »VW Bus«. Am Ende der Entwicklungen stand mit dem Porsche 908/03 ein kleiner und sehr kompakter Rennwagen mit knapp 545 Kilogramm Gesamtgewicht, der die Marke gemeinsam mit dem 917 zu einer der erfolgreichsten Rennsaisons in der Geschichte von Porsche führen sollte.

Es ist Sonntag, der 3. Mai 1970. Die Porsche-Mannschaft steht am Start der 54. Ausgabe der Targa Florio auf dem Piccolo circuito delle Madonie auf Sizilien. Es hat den ganzen Morgen auf der von der Sonne verwöhnten Insel geregnet. Dieser Umstand war wahrscheinlich einer der Gründe, warum der Start von 8:00 auf 9:15 Uhr verschoben wurde. Mit dem Regen kam das Chaos und die über 400.000 Zuschauer versammelten sich nur langsam rund um die 72 Kilometer lange Strecke. Einem massiven Stau ist es geschuldet, dass es die Zeitnehmer und einige der Teilnehmer nicht rechtzeitig zum Start schafften.
Das Training, das in diesem Jahr durch den Maifeiertag einen Tag auf den Donnerstag vorverlegt worden war, bestimmten die Lokalmatadoren von Ferrari. Die Insel bebte unter den Fünfliter-Zwölfzylinder-Rennwagen aus Maranello. Die Porsche waren lange nicht so laut, aber dafür wendiger und schneller auf der Strecke und so mussten die Ferraris mächtig Gas geben, um an den Porsche dranzubleiben. Der 908/03 mit der Nummer 12 und Jo Siffert am Steuer war mit 34:10 min der schnellste im Training. Da aber auf Sizilien die Uhren ein wenig anders ticken, startet am Sonntag ein Ferrari das Rennen um die 600 bis 700 Kurven zählende Strecke (je nach Fahrer und Zählweise).

Nummer 12 mit Jo Siffert und Brian Redman am Steuer startet als Dritter in das Rennen. Gefolgt von Nummer 20, dem Porsche 908/03 mit den Fahrern Loe Kinnunen und Pedro Rodríguez. In der vierten Runde übernimmt die Nummer 40 die Führung. Dahinter der trainingsschnellste Porsche mit der Nummer 12. Ein 512S ist auf dem dritten Platz, schafft es kurz auf den ersten. Doch beide Piloten sind nicht ganz fit und fallen zurück. Brian Redman übernimmt das Steuer in Runde sieben und geht in Führung vor dem Ferrari. Dahinter gibt Kinnunen im Porsche mit der Nummer 40 mächtig Gas, holt in seiner letzten Runde die beste jemals gefahrene Rundenzeit mit 33:36:00 min raus und zieht am Ferrari vorbei. Am Ende steht nach einem spannenden Rennen ein verdienter Doppelsieg für die deutschen Sportwagenbauer. Auf dem ersten Platz Team Siffert/Redman mit dem Porsche Nummer 12 und dem zweiten Platz für den Porsche mit der Nummer 40 Kinnunen/Rodríguez. Ein glanzvolles Rennen für den »VW Bus«.

FITZ
40

CHASSIS 037

4
MARTINI & ROSSI-RACING-TEAM
Shell
Shell
PORSCHE-AUDI
RODDARO
MARTINI INTERNATIONAL CLUB
MARTINI
2018
2017
Defense Mondiale

CHASSIS 037

Monaco, das Fürstentum an der Mittelmeerküste, das die Schönen und Reichen anzieht wie kaum ein anderer Ort, besitzt wohl die höchste Dichte an Hypercars auf dieser Welt. Vor dem Casino in Monaco kann man die ganze Vielfalt der raren, superteuren und PS-starken Sportwagen sehen. Doch ein Fahrzeug sticht dabei deutlich aus dieser exklusiven Vielfalt der automobilen Träume heraus. Es ist ein Porsche 917 mit monegassischem Kennzeichen. Nun könnte man auf einen ersten flüchtigen Blick meinen, das sei ein profaner Nachbau des legendären Porsche-Rennwagens mit einer Straßenzulassung. Doch weit gefehlt, handelt es sich bei dem silberfarbenen und mit Martini-Streifen dekorierten superflachen Automobil doch um einen echten Porsche 917.

Ein Rennwagen mit Zulassung, der in seiner Art beinahe einzigartig ist. Beinahe, denn es gab schon einmal zwei Porsche 917 mit Nummernschildern. Der eine gehörte dem Grafen Rossi, der mit seiner Firma Martini & Rossi in den 1970er-Jahren Partner der Porsche-Sportabteilung war. Bei diesem Wagen handelte es sich um 917-030. Mit dem Versprechen, niemals mit dem Auto in den USA auf der Straße zu fahren, bekam Graf Rossi eine amerikanische Zulassung. Bei dem zweiten straßenzugelassenen Porsche 917 handelte es sich um 917-021. Ein schwäbischer Handwerker baute sich den Wagen so um, dass er den Segen des deutschen TÜV erhielt. Beide Autos gibt es immer noch, wobei der 917 des Grafen Rossi nun in einer amerikanischen Sammlung steht und 917-021 wieder zu seinem ursprünglichen Zweck als Rennwagen zurückgebaut wurde.

››››››› CHASSIS 037

Doch wie kam es zum Porsche 917 mit monegassischer Zulassung? Eine der letzten 917-Chassisnummern, die 037, wurde bei Porsche unter anderem für die Lehrlingsabteilung benutzt. Hier konnten junge, angehende Mitarbeiter sehr genau studieren, wie man etwa den Gitterrohrrahmen nicht nur zur Stabilisierung nutzte, sondern die Rohre des Rahmens gleichzeitig als Ölleitung einsetzte, was zu einer im Rennsport wichtigen Reduktion des Gesamtgewichts führte.
Ende der 1970er-Jahre erwarb die Stuttgarter Karosseriefabrik Baur das noch unfertige Chassis 037. Doch auch hier wurde der Rennwagen nicht komplett zusammengebaut und wartete zunächst auf sein weiteres Schicksal. Später verkaufte Baur den Rahmen und alle Teile, die man von Porsche dazubekommen hatte, in die USA. Dort erkannte man das Potential eines 917 im Originalzustand, der bis in die 1990er-Jahre nicht ein Rennen gefahren war. Doch das sollte sich ändern.

Der jetzige stolze Besitzer des Wagens, Claudio Roddaro, ein Porsche-Fan aus Monaco mit einer einzigartigen Sammlung von Sportwagen aus Stuttgart-Zuffenhausen, war auf der Suche nach einem originalen Porsche 917, um mit ihm bei historischen Wettbewerben an den Start zu gehen. Eines Tages bekam er einen Anruf von einem guten Freund. Kein geringerer als Porsche-Urgestein Jürgen Barth war am anderen Ende der Leitung und gab Roddaro den entscheidenden Tipp über den Verbleib des Porsche 917-037, der zu diesem Zeitpunkt in den USA zum Verkauf stand.
Porsche selbst hatte das Chassis nie so richtig aus den Augen verloren. Eigentlich wurde der 037 als Ersatzwagen gebaut, sollte

Shell
917
MARTINI & ROSSI
RACING - TEAM
PORSCHE—AUDI
Shell

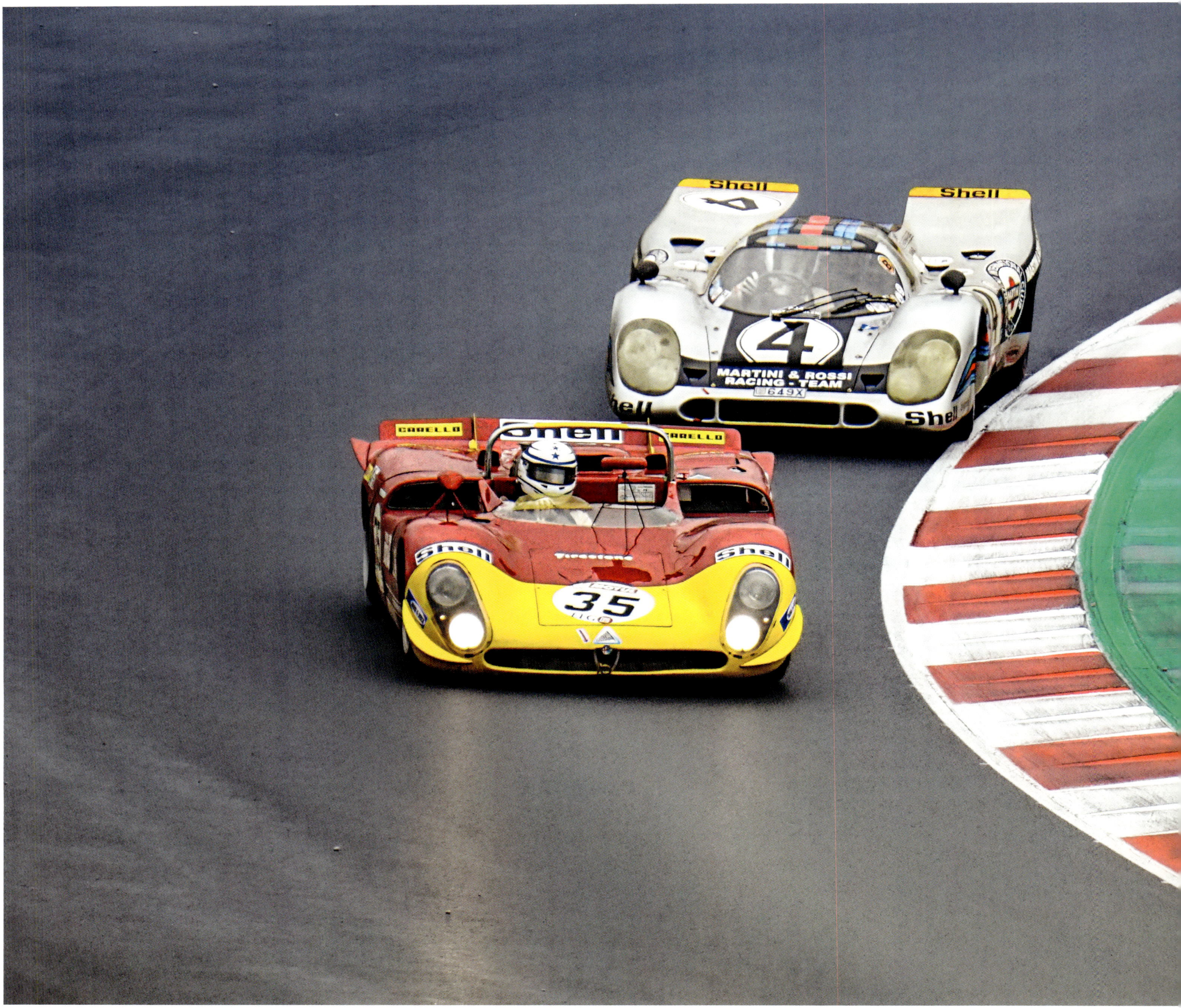
Shell
Shell
4
MARTINI & ROSSI
RACING - TEAM
Shell
CARELLO
Shell
CARELLO
Shell
Shell
35

‹‹‹‹‹‹ CHASSIS 037

aber in der Zeit, als die Porsche 917 der Konkurrenz auf den Rennstrecken das Fürchten lehrten, nie zum Einsatz kommen. Der Aufbau des Wagens in den Vereinigten Staaten wurde mithilfe und unter Aufsicht von Porsche vorgenommen. Dafür verwendete man in erster Linie Originalteile, die auch noch im Lager des Sportwagenbauers vorhanden waren. Nun steht 917-037 in fast originalem Zustand da, der von Porsche selbst auch so verifiziert wurde.

Wenn ein Auto – ob Rennwagen oder seltenes Einzelstück – irgendwo auf der Welt schon einmal ein Kennzeichen hatte, dann, so steht es in den Zulassungskriterien des Fürstentums, bekommt ein baugleiches Modell in Monaco ebenfalls eine Straßenzulassung. So konnte Roddaro mittels des Rossi 917ers und dem in Deutschland zugelassenen Wagen ein Kennzeichen für seinen Neunsiebzehn bekommen. Nun sieht man das Fahrzeug nicht nur auf den kurvigen und engen Landstraßen rund um das Fürstentum, der Wagen taucht auch immer wieder auf diversen Rennstrecken auf. Ein toller Fang für Claudio Roddaros Sammlung und ein Geschenk für alle Zuschauer an den Rennstrecken.

KENNZEICHEN 917

Drei originale Porsche 917 haben es zu einer Straßenzulassung geschafft (v.l.n.r.):
1. der Graf Rossi-Porsche 917K-030, Kennzeichen 61-277 37, Zulassung in Alabama, USA.
2. der Porsche 917-021, Kennzeichen CW-K-917, Zulassung Calw, Deutschland.
3. der Porsche 917-037, Kennzeichen 649X, Zulassung Monaco.

Shell
Shell
4
MARTINI & ROSSI RACING-TEAM
MARTINI INTERNATIONAL CLUB
MARTINI
4
4
MARTINI & ROSSI
RACING-TEAM
PORSCHE-AUDI
Shell

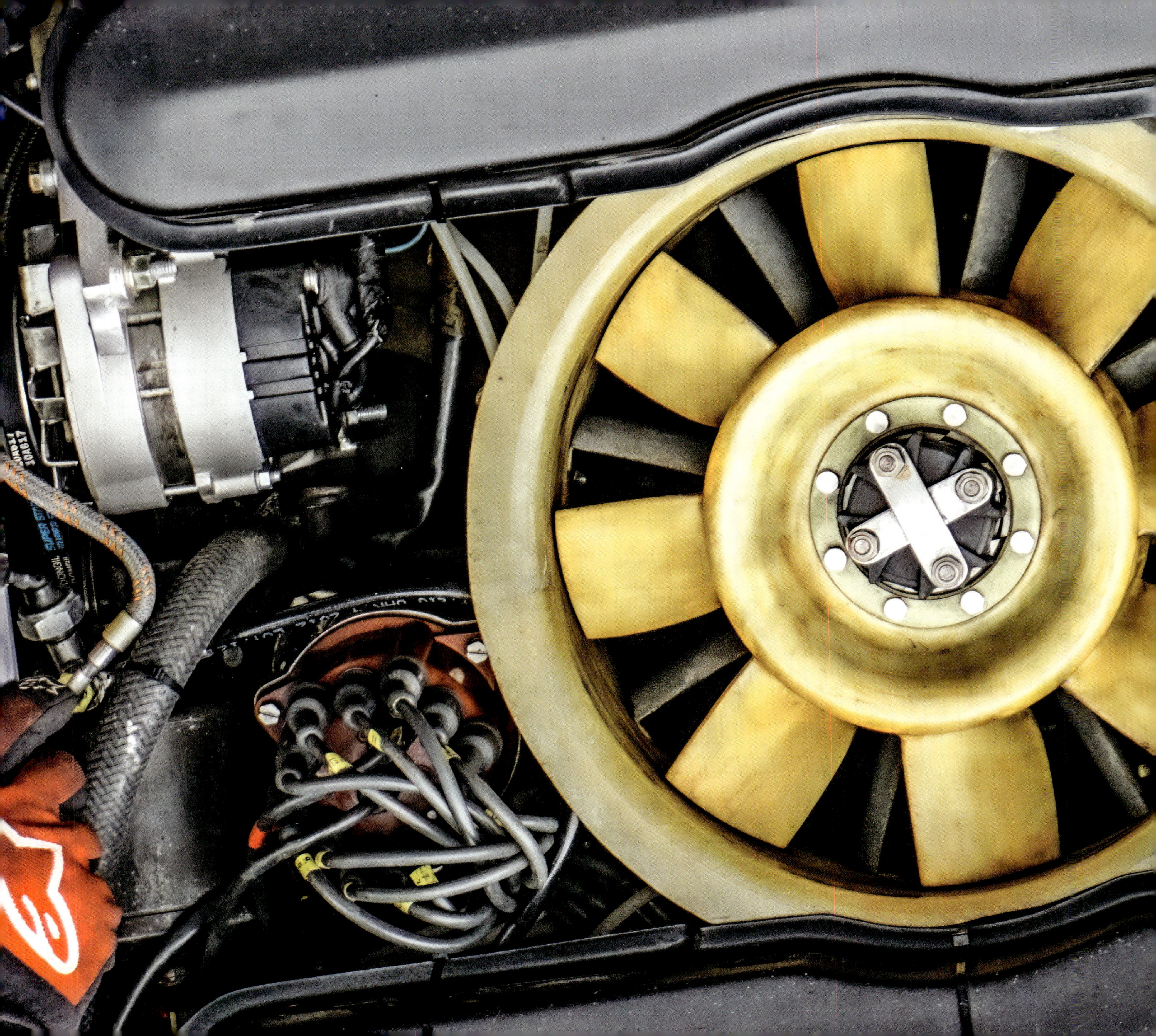

CAN-AM

20
PORSCHE
AUDI
STP
PORSCHE
STP
20
20
PORSCHE
AUDI
GOODYEAR

CAN-AM ‹‹‹‹‹‹‹

Als die FIA Ende der 1960er-Jahre die Anzahl der gebauten Rennwagen für die Erteilung einer Homologation in der Gruppe 4 von 50 auf 25 Exemplare reduzierte, sah das Porsche-Werk seine Chance für den Bau des 917 gekommen. Der mit drei Liter Hubraum bestückte Porsche 908 hatte zwar 1969 noch die Markenweltmeisterschaft geholt, sollte aber gegen die neue Klasse der Fünflitermotoren keine Chance mehr haben. So wurde im gleichen Jahr auf Basis des 908 der neue Porsche 917 auf dem Genfer Salon vorgestellt und die 25 benötigten Einheiten waren im Mai fertiggestellt.

Doch die erste Saison 1969 mit dem Porsche 917 stellte sich trotz der fantastischen Fahrleistung, die der Zwölfzylinder-Boxermotor mit sich brachte, als sehr schwierig heraus. Die Fahrer, die mit dem 917 mit Langheck beim 24-Stunden-Rennen von Le Mans an den Start gegangen waren, berichteten wie das Wagenheck auf der Rennstrecke praktisch die gesamte Breite der Bahn benötigte und das bei einer Geschwindigkeit jenseits der 300 Kilometer pro Stunde. Doch Ende 1969 gelang den beiden Fahrern Kurt Ahrens und Jo Siffert auf einem Porsche 917 mit einer Kurzheck-Karosserie der erste Gesamtsieg beim 1000-Kilometer-Rennen in Zeltweg. Und das sollte nicht der letzte Sieg für den 917 bleiben.

Der Schweizer Jo Siffert, einer der Porsche-917-Piloten der ersten Stunde, ist immer wieder auf diesem Typ ins Rennen gestartet. Nachdem die Schwaben so gut wie alles in Europa gewonnen hatten, überlegte man, wie man mit dem 917 im für Porsche so wichtigen Absatzmarkt USA auftreten konnte. So baute man das Erfolgsauto für das Reglement der Can-Am-Serie um. Einer dieser 917 Spyder ist der in Signalrot lackierte Porsche 917-10-002, der 1971 für Jo Siffert gebaut wurde. Der Wagen wurde nach nur 24 Testrunden auf dem Can-Am-Kurs in Weissach versandfertig für die USA gemacht. Keine vier Wochen, nachdem das Fahrzeug im Werk 1 aufgebaut worden war, stand 002 am Start seines ersten Rennens in Watkins Glen. In einem packenden Wettkampf zeigte Jo Siffert, welches Potential in dem neuen Wagen steckte und lieferte sich mit einem vom Werk eingesetzten Porsche 917 einen harten Kampf um das Podium. Der Porsche blieb in den USA und wurde noch bei weiteren fünf Can-Am-Rennen mit Erfolg eingesetzt. Mit dem

CAN-AM ›››››››

in sechs von zehn Rennen gefahrenen Porsche 917 Spyder wurde Siffert Gesamtvierter in der Can-Am-Wertung 1971. Durch einen tragischen Unfall bei einem Formel-1-Rennen ohne Weltmeisterschaftsstatus verlor Jo Siffert im gleichen Jahr sein Leben.

Der 917-10-002 wurde vom Rennfahrer Willi Kauhsen aufgekauft, der den Wagen in der europäischen Interserie 1972 mit Erfolg einsetzte. Im vorletzten Rennen dieser Serie, im September auf dem Nürburgring, platzte ein Reifen am 917. Willy Kauhsen hatte Glück und kam mit nur leichten Verbrennungen aus dem Wagen. Trotz des Unfalls behielt Kauhsen das Auto. Erst 25 Jahre später wurde der 917-10-002 wieder aufgebaut und mithilfe von Porsche und einigen Spezialisten in den Originalzustand von 1971 gebracht. Nun sieht man diesen einstigen Giganten der Rennstrecke wieder in seiner natürlichen Umgebung. Mit einer gewissen Leichtigkeit steuert hier Jürgen Barth den Porsche um den Grand-Prix-Kurs von Barcelona. Dabei winkt er den Fotografen auch gerne mal lässig in einer der Kurven zu.

MYTHOS JO SIFFERT

Der Schweizer Rennfahrer Jo Siffert gilt auch über 50 Jahre nach seinem Tod als einer der erfolgreichsten Rennfahrer des Alpenlandes. Porsche gewann mithilfe des schnellen Eidgenossen in den drei aufeinanderfolgenden Jahren 1969, 1970 und 1971 die Weltmeisterschaft. Siffert kämpfte sich auf den Rennstrecken von ganz unten nach ganz oben bis zur Formel 1. Wenn er antrat, standen zehntausende Zuschauer an den Rennstrecken. Bei seiner Beerdigung 1971 fuhr im Trauerzug ein Porsche 917 mit. An den Straßen standen erneut Tausende.

20
STP

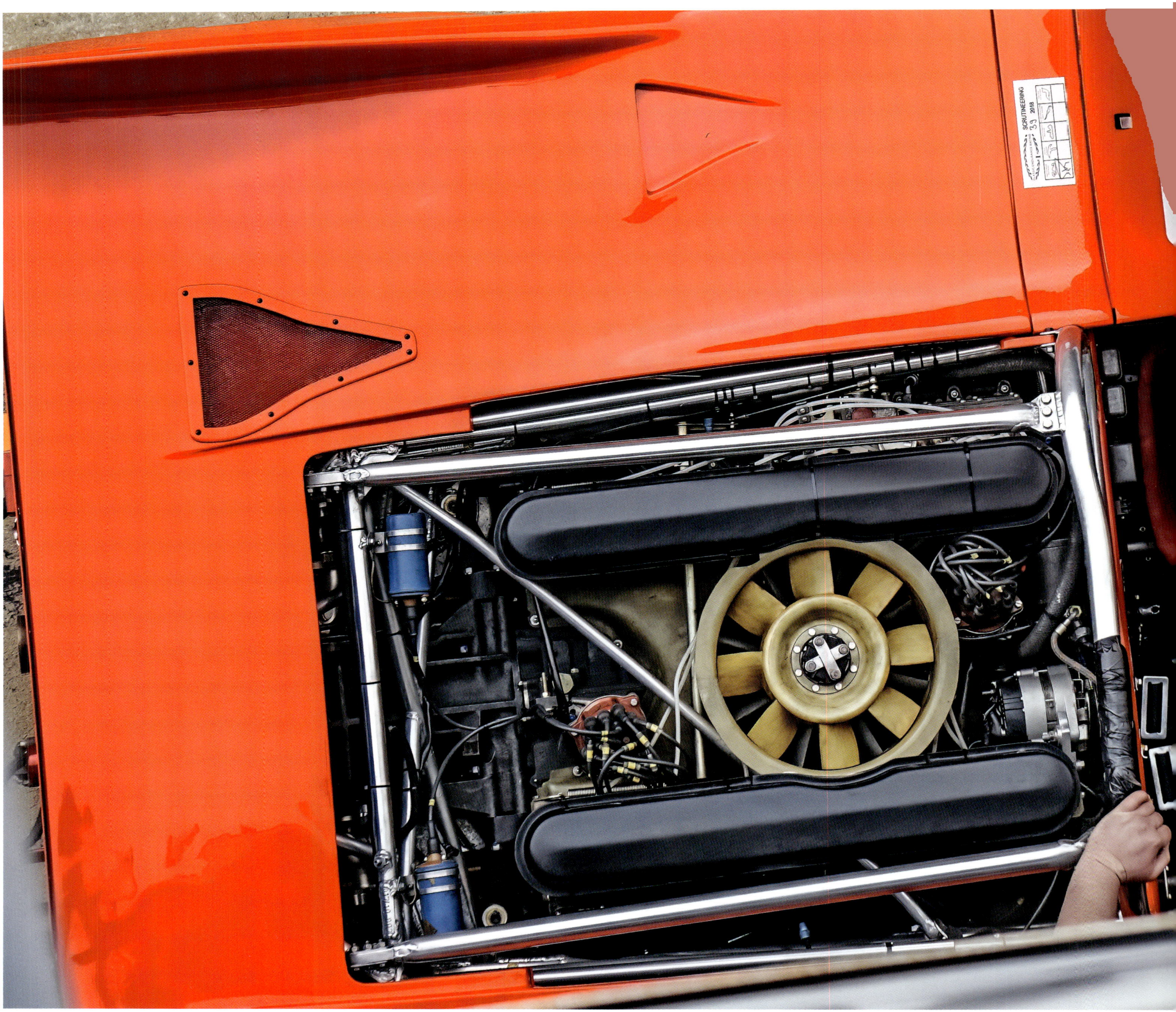

ZENITH
39
MOTUL
STP
PORSCHE
AUDI

KEINE GRENZEN

George

GOODYEAR
L&M
L&M
PORSCHE
+AUDI

‹‹‹‹‹‹‹ KEINE GRENZEN

George Follmer wurde 1934 in Phoenix (Arizona) geboren. Sein Vater, ein Ingenieur für Mühlen, verlagerte kurz nach der Geburt des kleinen George den Lebensmittelpunkt der Familie in die Vororte von Los Angeles (Kalifornien). Dort wuchs der junge Follmer in gutbürgerlichen Verhältnissen auf. Nach der Schule wurde er im Zuge des Vietnam-Krieges in den Wehrdienst einberufen, den er in Bayern ableistete. Zurück in den USA machte er einen kaufmännischen Abschluss und nahm eine Stelle in einer Versicherung für Unfälle und Brandschutz an. Er heiratete und wurde Vater eines Sohnes und zweier Töchter. Ein typisch amerikanisches Leben eröffnete sich für George Follmer und seine Familie.

Tief in ihm schlummerte aber eine heimliche Leidenschaft: die Leidenschaft für den Motorsport, der er zum Glück nicht widerstehen konnte. 1959 kaufte sich Follmer einen gebrauchten 356 Speedster und nahm mit diesem an zahlreichen Porsche-Club-Rennen teil. Bei einer dieser Veranstaltungen traf Follmer auf den Porsche-Händler Tom Nukles. Zusammen erwarben die beiden ein Lotus-23-Chassis und einen Motor aus einem Porsche 904. Beides bauten sie zu einem Rennwagen zusammen, mit dem George Follmer nun seine Leidenschaft für den Motorsport ausleben konnte. Am Steuer dieser Lotus-Porsche-Kombination siegte er 1965 in seiner ersten Saison haushoch in der USRRC-Serie. Was für ein Einstand in den Motorsport für den gelernten Versicherungskaufmann.

Follmers Titelgewinn blieb in Stuttgart-Zuffenhausen nicht unbeachtet. Der damalige Porsche-Motorsportchef, Huschke von Hahnstein, verpflichtete George Follmer zusammen mit Peter Gregg, einem weiteren Privatfahrer aus den USA, für ein Rennen auf einem 904 in Sebring. Auch hier war Follmer auf Anhieb erfolgreich und gewann die Klasse bis 2,0 Liter. Es folgten zahlreiche weitere Siege und Podiumsplätze in den Vereinigten Staaten. Darunter waren auch die ersten erfolgreichen Rennen mit dem Team von Roger Penske.

Zu einem der größten Erfolge von George Follmer gehört dabei der Gewinn der Can-Am-Meisterschaft von 1972. Der erste Lauf im Mosport Park Kanada war zugleich das 50. Jubiläumsrennen der erfolgreichen amerikanische Rennserie. Zur Feier des Tages überraschte Porsche die Konkurrenz mit der Teilnahme zweier nagelneuer Porsche 917 / 10 im Design der Zigaretten-Marke L&M: Weiß mit rot-schwarzen Streifen. Marc Donohue im Penske-Porsche führte vom Start weg das Feld an. Nach einem technischen Defekt nahm er das Rennen vom neunten Platz aus wieder auf und kam noch als Zweiter ins Ziel. Ein hervorragender Einstand des 917 / 10.

Bei einer Testfahrt vor dem nächsten Rennen hatte Marc Donohue einen schweren Unfall mit dem 917 / 10 und sah sich

KEINE GRENZEN ›››››››

außerstande, im nächsten Rennen an den Start zu gehen. Sein Teamchef Roger Penske erinnerte sich an die Fahrkünste von George Follmer und engagierte ihn umgehend. Follmer startete als Ersatzfahrer im zweiten Rennen in Road Atlanta (Georgia) – mit einem Auto, das er kaum kannte und auf einem für ihn neuen Rundkurs. Zum Test fuhren Penske, Follmer und der lädierte Donohue im Morgengrauen den Kurs in einem Mietwagen ab. Dabei gab Marc Donohue seinem Ersatzkollegen wichtige Tipps für das Rennen und das Handling des Porsche 917 / 10. Diese Fahrt war am Ende für alle Beteiligten Gold wert. Follmer startete von Platz zwei aus in das Rennen und kam als Erster ins Ziel. Ein weiterer hervorragender Einstand für den gelernten Kaufmann. Das dritte Rennen in Watkins Glen (New York) verlief für das Team Penske und Follmer mit dem fünften Platz etwas enttäuschend. Dafür durfte die Konkurrenz auf McLaren den Sieg davontragen.

Im vierten Lauf in Mid Ohio (Ohio) sollte es für Porsche wieder aufwärts gehen. Das Rennen wurde von heftigen Regenschauern begleitet, welche die Teams vor die Entscheidung stellten, von Slicks auf Regenreifen zu wechseln. George Follmer kam mit den schwierigen Bedingungen aber bestens zurecht und bemerkte, dass die Strecke schnell wieder trocknete. Er beschloss mit Slicks weiterzufahren. Eine Entscheidung, die sich als richtig erweisen sollte. Trotz zweier heftiger Dreher kam Follmer wieder mit großem Vorsprung als Erster ins Ziel. Im fünften Rennen in Road America (Wisconsin) zeigte er, was im 917 / 10 für ein Potential steckte. Er konnte erst am Samstag in die Qualifikation einsteigen, da er am Freitag einen Einsatz bei einem nationalen USCA-Rennen hatte. Von Startplatz 13 pflügte Follmer sprichwörtlich durch das Feld und gewann das Rennen am Ende mit einer Runde Vorsprung.

Mit zwei Porsche 917 / 10 und dem wiedergenesenen Marc Donohue trat das Porsche-Penske-Team zum sechsten Lauf in Donnybrooke (Minnesota) an. Für Marc lief es im Rennen wieder nicht gut, nach einem Reifenschaden krachte er mit 300 km/h in die Leitplanken und blieb dabei zum Glück so gut wie unverletzt. Nach diesem Unfall übernahm Follmer die Führung,

GOODYEAR
KENDALL GT-1
RACING OIL
L&M
PORSCHE
MICHELIN

GOOD YEAR
L&M
DieHard
6
PORSCHE
+AUDI
L&M
PORSCHE
+AUDI
SUNOCO
181
SHELL
DUNLOP
CIBIE
Shell
S-K 2403

KEINE GRENZEN ‹‹‹‹‹‹‹

die er leider nicht verteidigen konnte, da er in der letzten Runde ohne Benzin in Sichtweite der Zielflagge liegenblieb. Im siebten Rennen in Edmonton, Kanada, kam es zum Kampf der Giganten zwischen McLaren und den beiden weißen Porsche 917 / 10. Im Laufe des Wettbewerbs blieb das nicht ohne Blessuren. Follmer kam aber trotz eines Reifenschadens noch auf einen guten vierten Rang.

Das achte Rennen fand im kalifornischen Laguna Seca statt und sollte die vorzeitige Entscheidung in der Can-Am-Rennserie 1972 bringen. George Follmer hatte bis dahin vier von den bis dato acht Rennen gewinnen können und sonst immer gut Punkte gesammelt. Mit ein wenig Stallregie im Team Penske brachte man Follmer im Rennen in Führung vor seinem Teamkollegen Marc Donohue, der bereits keine Chance mehr auf die Meisterschaft hatte. Damit war der Gesamtsieg in der Can-Am-Serie im vorletzten Rennen der Saison 1972 für George Follmer und das Penske-Team gesichert.

Im letzten und neunten Rennen in Riverside (Kalifornien) wollte Follmer sich für die Hilfe seines Kollegen Donohue in Laguna Seca bedanken. In Führung liegend ließ er sich auf Platz zwei zurückfallen. Doch Donohue musste an die Box und Follmer gewann auch dieses Rennen.

Mit einer Gesamtpunktzahl von 130 Punkten und fünf Siegen in neun gefahrenen Rennen holte sich George Follmer in einer atemberaubenden Saison als Quereinsteiger den Titel in der Can-Am-Meisterschaft 1972. Für Porsche war das ein weiterer Erfolg mit dem 917 und zeigte, welch genialen Rennwagen man mit ihm konstruiert hatte. Die Zuffenhausener kennen beim Gewinnen einfach keine Grenzen.

SIEGER

SIEGER ›››››››

Die 57. Auflage der Targa Florio, die zugleich die letzte ihrer Art war, sollte ein ganz besonderes Spektakel für die Motorsport-verrückten Italiener werden. Fast das komplette Teilnehmerfeld bestand aus italienischen Fahrern sowie Rennwagen aus Italien. Alle waren sie nach Sizilien gekommen, um im letzten offiziellen Rennen, das auch WM-Status hatte, auf der berühmten Insel den Sieg zu holen.

Doch auch eine kleine Mannschaft aus Stuttgart-Zuffenhausen machte sich mit drei Porsche Carrera RSR auf den Weg nach Süditalien und versuchte, was auf dem Papier fast unmöglich schien, nämlich als Erste ins Ziel zu kommen. Dabei wäre man im kleinen Porsche-Team schon froh gewesen, wenn man gegen die übermächtige Konkurrenz wenigstens die GT-Klasse gewinnen würde. Bescheiden in einem kleinen Hotel wohnte die Crew, die aus einem Rennfahrer-Sextett bestand: dem Holländer Gijs van Lennep, dem Finnen Leo Kinnunen, den beiden Schweizern Claude Haldi und Herbert Müller sowie den beiden Reservefahrern Günter Steckkönig und Giulio Pucci. Dazu kam eine Handvoll Mechaniker. Als Rennleiter waren Peter Falk und Professor Dr. Fuhrmann als verantwortlicher Leiter im Einsatz, Helmut Bott und der junge Norbert Singer komplettierten die illustre Runde.
Alle drei Porsche RSR waren silberfarben lackiert und mit den Streifen des Sponsors Martini dekoriert. Für das Rennen auf Sizilien hatten die RSR einen tieferen Frontspoiler bekommen, der den Anpressdruck auf den Vorderwagen deutlich verbesserte. Dadurch verschlechterte sich aber die Haftung der Hinterräder. Der kleine Heckspoiler des RS, der später als Entenbürzel bekannt werden sollte, reichte nicht aus, um den Autos ein stabiles Fahrverhalten zu geben. Norbert Singer, der als junger Ingenieur bei Porsche angestellt war, verbreiterte diesen Spoiler massiv mit kleinen Metallstützen und viel schwarzem Klebeband, welches Singer für Notsituationen immer bei Tests oder Rennen dabeihatte. Das Ergebnis war überraschend gut gelungen und man hielt an dem geklebten Heckflügel fest. Erst nach dem Sieg bei der Targa Florio überprüfte man den als »Maria Stuart« bekannten Heckspoiler im Windkanal und optimierte ihn für das 24-Stunden-Rennen von Le Mans.

Einer der drei RSR ist der Porsche mit der Fahrgestellnummer 911 360 0588 R6. Dieser Wagen und seine beiden baugleichen Auto-Geschwister waren in ihren Grundzügen nach dem Reglement der Gruppe 4 aufgebaut worden. Für den Wettbewerb in Italien wurden so gut wie keine weiteren Modifikationen an den Fahrzeugen vorgenommen. Porsche vertraute einfach auf seine gute Technik und das Geschick seiner Rennfahrer. Ein wenig nahm das Team auch den Erfolg mit, den die RSR kurz zuvor in Daytona eingefahren hatten. Dort hatte man es auf der Rennstrecke mit deutlich hubraumstärkeren und schnelleren Gegnern zu tun, konnte aber in den Kurven wieder Zeit gutmachen.
Nun besteht die 72 Kilometer lange Strecke der Targa Florio fast nur aus einer Ansammlung unzähliger Kurven und auch hier sollte sich der Vorteil des Porsche 911 mit seiner Wendigkeit am Ende deutlich zeigen. Im Training war der Kurs noch nicht abgesperrt, sodass man manch einem Esel, teilweise auch auf

MARTINI
8
MARTINI INTERNATIONAL CLUB
MARTINI
BOSCH
Shell
134

»»»»»» SIEGER

zwei Beinen, schnell und geschickt ausweichen musste. Weitere Hindernisse im Training stellten die landesüblichen Traktoren und alte Lieferwagen dar. Für das Rennen wurde die Strecke gesperrt, wobei nun die Naturtribünen entlang der Route mit über 700.000 Zuschauern voll besetzt waren. Diese wiederum sahen es teilweise als Mutprobe an, den Rennwagen erst kurz bevor diese vorbeifuhren, aus dem Weg zu springen. Dies war nur einer der Gründe dafür, dass im Jahr 1973 das letzte offizielle Rennen stattfinden sollte.
Bereits im Training kam es zu teilweise schrecklichen Unfällen mit Verletzten und Toten. Kurz vor dem Start fuhr ein Chevron in eine Gruppe von Zuschauern, die auf dem Weg zur Strecke waren, und überschlug sich. Kein gutes Omen für das Rennen. Der Kurs verlangte den Fahrern und dem Material einiges ab. Die Straßen waren übersät von Schlaglöchern und gepflasterten Stellen. Nach dem Start ging es dann auch Schlag auf Schlag. Die Favoriten wie Alfa Romeo und Ferrari fielen durch Defekte oder Unfälle aus. Nun sah sich Porsche plötzlich in der Favoritenrolle und versuchte, was zuvor unmöglich erschienen war. Herbert Müller und Gijs van Lennep hatten den RSR R6 für das Rennen bekommen. Sie fuhren um den Kurs in einer Geschwindigkeit, die keiner der noch verbliebenen Konkurrenten mithalten konnte. Mit sechs Minuten Vorsprung kam das Porsche-Team als erstes ins Ziel. Unmögliches wurde möglich gemacht und mit diesem Sieg wurde der Carrera RSR R6 zur Legende. Eine Legende, die nach fast 50 Jahren und einer aufwendigen Restaurierung wieder auf Rennstrecken zu sehen ist.
Beispielsweise in Goodwood darf der perfekt restaurierte RSR auf die Straße. Selbst beim schwarzen Klebeband für den Heckspoiler handelt es sich um das gleiche Band wie es Norbert Singer damals verwendet hatte. Am Lenkrad in England ein weiteres Original, Porsche-Legende Jürgen Barth.

CLUB PALERMO

Der Original-Aufkleber des »automobilia club palermo« für die Startberechtigung zur 57. Auflage der Targa Florio auf Sizilien. Bei der Restaurierung des Seitenteils wurde auf zahlreiche Details geachtet, wie auf diesen Aufkleber oder auch darauf, dass die komplette Beschriftung einschließlich der Dekorstreifen des Sponsors Martini von Hand auf den Wagen gemalt sind.

MARTINI
MARTINI
MARTINI RACING
134
Shell
DUNLOP
8
MARTINI INTERNATIONAL CLUB
MARTINI
BOSCH

BOSCH

MARTINI RACING
J. BARTH
134
Shell
DUNLO
8
MARTINI INTERNATIONAL CLUB
MARTINI

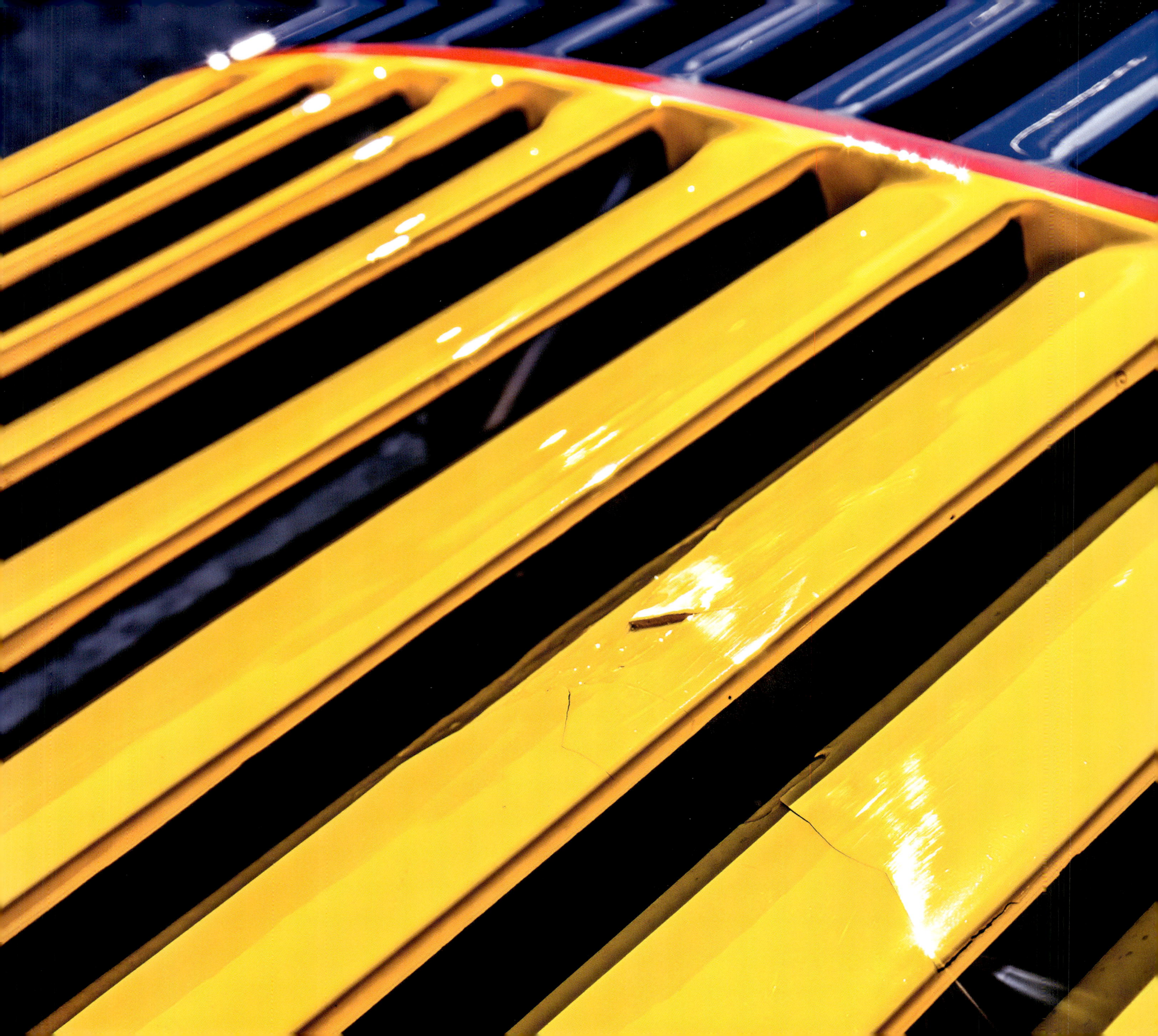

1100 PS

GOODYEAR
SUNOCO
6
SUNOCO
PORSCHE
+AUDI

1100 PS ‹‹‹‹‹‹

Schweiz, Genfer Automobil-Salon, wir schreiben das Jahr 1969. Porsche stellt seinen neuen Rennwagen mit der Modellbezeichnung 917 vor. Ein Wettbewerbsfahrzeug, das aus einer anderen Welt zu kommen scheint. Lang und flach steht der ganz in Weiß lackierte Rennwagen zwischen den vielen normalen Serienmodellen und wird vom Fachpublikum bestaunt. Manch einer wird den Kopf geschüttelt haben, welch ein Wagnis Ferdinand Porsche und mit ihm Ferdinand Piëch als Verantwortlicher für das Projekt hier eingegangen waren. Ein paar Jahre später ist das alles vergessen, weiß man doch, welche erfolgreiche Geschichte man im Motorsport mit dem 917 geschrieben hat. In der Tat hat der Zwölfzylinder-Porsche so gut wie alle seine Gegner, gegen die er auf den Rennstrecken rund um die Welt angetreten ist, besiegt. Da halfen auch keine Änderungen im Reglement oder sonstige Anstrengungen der Konkurrenz, um diesen einmaligen Rennwagen zu stoppen.

Porsche hatte bis zum Ende des Jahres 1971 ganze 15 Langstreckenerfolge seit der Vorstellung des 917 in Genf einfahren können. Darunter natürlich der historische erste Gesamtsieg bei den 24 Stunden von Le Mans 1970 und der zweite Gesamtsieg in Le Mans im darauffolgenden Jahr. Beide Male gewann Porsche auch dank des 917 die Sportwagen-Markenweltmeisterschaft. Zuviel Erfolg für die FIA, die den 917er mithilfe komplett neuer Regeln erst aus der Markenweltmeisterschaft und damit auch aus dem 24-Stunden-Rennen von Le Mans ausschloss. Man suchte ein neues Betätigungsfeld für den Boxermotor-Rennwagen. Dieses wurde in der Can-Am-Serie (Canadian-American Challenge Cup) gefunden. Dort beherrschte ein ganz anderes Ungetüm die Motorsport-Welt, der McLaren M8 mit V8-Motor, acht Litern Hubraum und 800 PS. Rein technisch war der Porsche erst einmal unterlegen. Doch bei Porsche ging man ein weiteres Wagnis ein und steigerte die Leistung des 917-Motors mithilfe der neuen Turbo-Technologie. 1972 startete Porsche mit dem 917/10 TC-Spyder in der Can-Am und gewann dabei auf Anhieb den Titel in der nordamerikanischen Rennserie. Die Konkurrenz, in erster Linie McLaren mit den großvolumigen Chevrolet-Motoren, rüstete für die kommende Saison auf. Porsche blieb aber nicht auf seinen Lorbeeren sitzen. Mit dem US-Amerikaner Mark Donohue gewann man nicht nur einen erfolgreichen Rennfahrer, sondern auch einen Techniker, der es verstand, das Auto zusammen mit dem Team weiterzuentwickeln. Zahlreiche Details wurden am Wagen verbessert und überarbeitet. Selbst vor dem Radstand wurde nicht Halt gemacht. Dieser wurde von 2310 auf 2500 Millimeter verlängert, was dem Geradeauslauf des Rennwagens zugutekam. Die Aerodynamik wurden zugunsten des Abtriebes überarbeitet. Der mittlerweile auf 5,4 Liter Hubraum vergrößerte Motor wurde unterstützt von einem gewaltigen Turbolader. Gewaltig war aber auch das berüchtigte Turboloch. Mark Donohue bekam im spartanisch ausgestatteten Cockpit ein sogenanntes »Dampfrad« eingebaut. Damit konnte er nach Belieben den Ladedruck des Boxermotors einstellen. Dieses technische Detail half auch ein wenig Sprit zu sparen. Denn sparsam waren die Porsche 917, wie auch die Konkurrenz damals, in keiner Weise.

Die von den 917 ausgehende Dominanz war 1973 nicht zu übersehen. Die ersten beiden Rennen gingen noch an das Vorgängermodell 917/10. In den weiteren sechs Rennen gewann überlegen Mark Donohue im 917/30, eingesetzt vom Penske-

1100 PS ›››››››

Racing-Team und Sunoco Porsche + Audi. Die schnellste Runde ging in allen acht Rennen der 1973er Saison an Donohue im 917 / 30 und am Saisonende gewann Porsche zum wiederholten Male die Can-Am-Meisterschaft.

Nach dem Ende der Saison 1973 wurde erneut eine Reglementänderung eingeführt, die schließlich dafür sorgte, dass der überlegene Rennwagen aus Stuttgart aus dem Wettbewerb genommen wurde. Mark Donohue startete den 917 / 30 aber noch ein Mal zu einer einzigartigen Rekordfahrt. 1975 stellte er mit ihm auf dem 4,27 Kilometer langen Superspeedway in Talladega (USA) einen neuen Weltrekord mit einer Durchschnittsgeschwindigkeit von 355,78 km/h (Höchstgeschwindigkeit 382 km/h) auf. Dieser Rekord wurde mittels weiterer Optimierungen am Fahrzeug erreicht. So wurde Dank erstmals eingesetzter Ladeluftkühler die Motorleistung auf sagenhafte 1230 PS gesteigert. Eine Leistung, an die niemand bei der Vorstellung des Porsche 917 im Jahr 1969 je gedacht hätte.

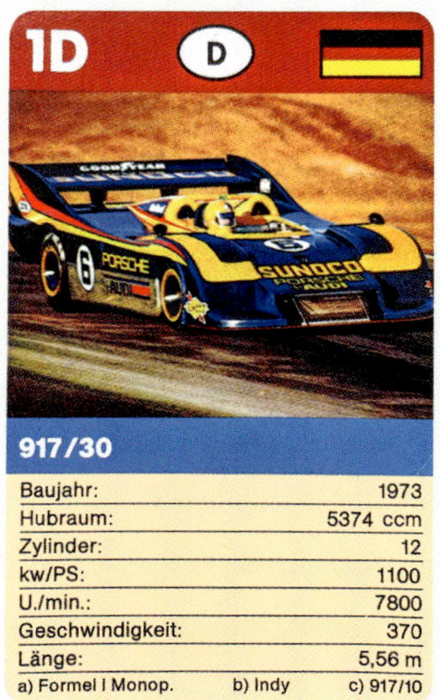

DAS ASS IM ÄRMEL

Der Porsche 917 / 30 war nicht nur auf den Rennstrecken der stärkste und schnellste Rennwagen zu seiner Zeit. Auch in vielen Quartett-Spielen stach man mit dem 917 / 30 fast alle anderen Autos aus.

DieHard
DX
PORSCHE
6
+AUDI
SUNOCO

GOODYEAR
L&M
L&M
PORSCHE AUDI
PORSCHE
PORSCHE
PORSCHE

GOODYEAR
SUNOCO
SUNOCO
PORSCHE
+AUDI

BILSTEIN®
GASDRUCK
STOSS-
DÄMPFER

FOTOMODELL

FOTOMODELL ›››››››

Max Moritz Racing, das kleine, aber erfolgreiche Rennteam aus Reutlingen im Süden Deutschlands, bekam den Porsche 911 Carrera RSR mit der Fahrgestellnummer 911 460 9060 im April des Jahres 1974 ausgeliefert. Der Wagen war vom Werk aus in der Grundfarbe Grün lackiert worden. Kurz vor dem ersten Einsatz des neuen Wagens in der Deutschen Rennsport-Meisterschaft 1974 in Hockenheim beschäftigte sich der Max-Moritz-Chefmechaniker Erhard Scherf damit, wie er dem Auto noch ein einmaliges Design verleihen könnte. Foto Quelle, der Hauptsponsor aus Deutschland, gab nur vor, dass sein Logo auf der Fronthaube und auf den beiden vorderen Kotflügeln stehen sollte. Scherf schaute sich im Farbenlager des Autohauses Max Moritz um und fand noch ein paar Reste Hellblau, Dunkelbau sowie Silber. Schnell war die Lackierkabine freigemacht und über Nacht wurde dem RSR das schnittige Design mit den weiteren drei Farbtönen appliziert. In dieser Farbenpracht, die bei den Zuschauern und den Fotografen sehr gut ankam, fuhr das Team Max Moritz Racing mit dem Carrera RSR 1974 und 1975 Rennen. Im Jahr 1976 änderte sich der Hauptsponsor, wobei die Farbgebung aber beibehalten wurde.

Gleich einen der ersten Läufe im Jahr 1974 gewann Max Moritz Racing zusammen mit dem deutschen Rennfahrer Reinhardt Stenzel auf dem Hockenheimring. Der aus München kommende Stenzel tauchte eines Tages bei Max Moritz auf und erkundigte sich nach gebrauchten Porsche und Rennwagen. Im Gespräch mit dem damaligen Teamchef Rudi Sauter erzählte Stenzel von seinen vielen Rennen, die er als Privatfahrer und als Werksfahrer für Alfa Romeo bestritten hatte. Sauter und Stenzel waren sich auf Anhieb sympathisch und man wollte in Zukunft bei Wettbewerbseinsätzen zusammenarbeiten. Nun war man auf der Suche nach einem Sponsor, der sich mit dem in Nürnberg ansässigen Fotohaus Quelle denn auch fand.

Nachdem Porsche den »9060« an Max Moritz ausgeliefert hatte, machten sich die beiden Chefmechaniker Erhard Scherf und Erwin Bock über den Wagen her. Nicht nur die auffällige und gelungene Lackierung wurde geändert, auch baute man den Motor aus, um ihn, wo es ging, noch ein wenig in seiner Leistung zu optimieren. Ein Carrera RSR 3.0 hatte werkseitig zwischen 315 und 330 PS. Am Ende der Saison 1974 durfte das Max-Moritz-Team einmal mit ihrem RSR nach Weissach auf den Porsche-eigenen Prüfstand. Das Staunen der Ingenieure war groß, als die Leistungskurve erst bei 358 PS abbrach. Ein toller Erfolg des Reutlinger Rennstalls.

Weniger erfolgreich sah die Bilanz des Foto-Quelle-Max-Moritz-Teams in der DRM 1974 aus. Zwar fuhr Stenzel mit dem »9060« im Flugplatz-Rennen von Mainz-Finthen sowie dem Großen Preis von Baden-Württemberg auf den ersten Platz, konnte aber

MAX MORITZ-PORSCHE
TOW

interscope
63
68
FOTO QUELLE
MAX MORITZ PORSCHE-RACING
BOSCH
Müllerbräu

FOTOMODELL

nur noch bei drei weiteren Rennen auf dem Hockenheimring, in Diepholz und auf dem Nürburgring punkten. Am Ende der Saison 1974 erreichte man Platz sechs in der Gesamtwertung. Ein Jahr später folgte der nächste Sieg für Stenzel im Flugplatz-Rennen von Mainz-Finthen. Weitere Punkte sammelte er mit dem RSR auf dem Nürburg-, dem Hockenheim- und dem Norisring. Zum Ende der Saison wurde der RSR von einer Pechsträhne mit Motorenproblemen und weiteren Ausfällen verfolgt. Trotz eines tollen Einsatzes des Max-Moritz-Teams und von Reinhardt Stenzel erreichte man nur den siebten Gesamtplatz in der Endwertung.

1976 ging Max Moritz mit neuen Fahrern an den Start. Dieter Ankele, ein Privatfahrer aus Reutlingen, der auf einem Porsche 914/6, betreut vom Team Max Moritz Racing Anfang der 1970er-Jahre Rennen fuhr, und Albrecht Schütz pilotierten den 911 Carrera RSR in dieser Saison. Neben der Teilnahme an der DRM setzte Max Moritz den Foto-Quelle-RSR auch bei zahlreichen anderen Rennen ein – darunter auch 1976 das 100-Meilen-Rennen von Hockenheim, das Ankele gewinnen konnte.

Besagten Carrera RSR verkaufte Max Moritz dann 1977 an Rolf Göring. Dieser baute sich den Wagen für Bergrennen um. In der Karosserie eines Porsche 935 jagte Göring, der in den 1980er-Jahren die Europa-Bergmeisterschaft gewann, den »9060« ganze 17-mal den Berg hoch und gewann dabei neun Rennen.

In den Jahren 1978 bis 1980 startete Wilhelm Bartels erfolgreich mit dem Carrera RSR bei etlichen Bergrennen. In der weiteren Geschichte des Fahrzeugs und seiner Besitzer ging es bis in die 1990er-Jahre fast einmal rund um die Welt, bis der Wagen 1995 in den USA einen Besitzer fand, der ihn in den Originalzustand von 1974 zurückversetzen ließ. Bei der Restaurierung kamen wieder das originale Grün und viele Reste der einstigen Lackierung im Foto-Quelle-Design zum Vorschein.

Jetzt ist der Carrera RSR erneut in historischen Rennen zu sehen, wie hier in Laguna Seca. Und immer noch scheint es so, als zögen das Design und die Farbgebung die Zuschauer und die Fotografen ganz besonders an. Der »9060« ist eben ein zeitlos schönes Modell.

MAX MORITZ PORSCHE

Im Jahr 1969 kam bei Max Moriz die Idee auf, professionell Rennen zu fahren. Zu dieser Zeit hatten das Autohaus und seine Kunden bereits an vielen privaten Rennen teilgenommen. Von 1970 bis 1978 war Max Moritz Racing dann ein gefürchteter Gegner auf den Rennstrecken Europas. Mit viel gewitzter Kreativität und einem professionellen Team fuhr der Reutlinger Rennstall Siege und Erfolge ein. Das Logo mit Max und Moritz, hier in der Abwandlung aus dem Jahr 1974, prangte dabei auf jedem der eingesetzten Rennwagen.

FOTOQUELLE
68
RACING
BOSCH
Müllerbräu
PFAFFENHOFEN
Racing

N OVERBEEK
BILSTEIN

TURBOERFOLG

MARTINI RACING
MARTINI
PORSCHE
2
MARTINI INTERNATIONAL CLUB

TURBOERFOLG ‹‹‹‹‹‹

Sinn und Zweck eines Turboladers ist es, eine Steigerung der Motorleistung mittels komprimierter Luft zu erzielen. Durch die – mithilfe einer schnell laufenden Turbine verdichtete Luft erhält der Motor mehr Sauerstoff und kann dadurch den Füllgrad der Zylinder optimieren. Dies führt zu einer deutlichen Steigerung der Motorleistung und einer besseren Effizienz von Verbrennermotoren. Eine einfache Beschreibung des Turboladers, die aber in der Praxis deutlich komplexer und im Fahrbetrieb bei manch einem Wagen mit viel mehr Wucht daherkommt.

Porsche hatte Anfang der 1970er-Jahre schon gute Erfahrungen mit dem Einsatz von zwangsbeatmeten Motoren im Motorsport gemacht. In der Can-Am-Serie trat man mit dem 917/30 und dem 917/10 an und gewann mittels der Turbo-aufgeladenen Zwölfzylinder-Boxermotoren so gut wie jedes Rennen. Nun war für den deutschen Hersteller die Zeit reif, die Turbo-Technik auch in der Serie anzuwenden. Mit dem 911 Turbo wollte Porsche im Jahr 1976 den sportlich ambitionierten Kunden ein völlig neues Fahrgefühl bieten. Die Technik dazu wurde, wie so oft bei Porsche, zuerst im Motorsport eingesetzt und erprobt. Eine wichtige Rolle spielte dabei Norbert Singer, der Anfang der 1970er-Jahre am Beginn einer langen und erfolgreichen Karriere als Ingenieur und Rennleiter der Motorsport-Abteilung in Zuffenhausen stand. Gleich eines seiner ersten Projekte sollte die Umsetzung der Turbo-Technologie auf die Motorsport-Aktivitäten des Porsche 911 werden. Nachdem der Carrera RSR mit dem Dreiliter-Saugmotor 1973 in seiner Leistung fast schon ausgereizt war, wurde das Projekt Turbo für den Porsche 911 im Motorsport in Angriff genommen.
Die FIA änderte das Reglement für die Sportwagen-Weltmeisterschaft 1974. Die großvolumigen 12- und 8-Zylinder-Motoren mit einem Hubraum jenseits der fünf Liter sollten gebändigt werden und mit der neuen Gruppe 5 wurde die Hubraumgrenze auf seriennahe Dreilitermotoren begrenzt. Porsche hatte ja mit dem 2,8-Liter- und dem 3,0-Liter-Sechszylinder-Boxermotor sehr gute Triebwerke im Regal stehen, doch die Zukunft im Motorsport ging ganz klar in Richtung der Turbo-aufgeladenen Maschinen, die noch mehr Leistung bringen sollten.
Damit die Rennwagen mit Saugmotoren aber noch eine Chance gegen die Turbos hatten, dachte sich die FIA eine Formel aus, die den Hubraum der aufgeladenen Autos um das 1,4-fache reduzieren sollte. Das bedeutete für den Porsche mit Lader einen maximalen Hubraum von 2,14 Litern.

Norbert Singer und seine Kollegen gingen ans Werk und bauten auf der Grundlage eines Carrera RSR den neuen 911 Carrera RSR Turbo, der als erster Neunelf mit einem Turbo auf Rennstrecken erfolgreich unterwegs sein sollte. Zahlreiche Änderungen an der Karosserie und am Fahrwerk ließen vom ursprünglichen Carrera RSR nicht viel übrig. Die deutlichste Änderung vollzog sich aber am Motor des 911 Carrera RSR Turbo. Der 2,14-Liter-Sechszylinder-Boxermotor, nun mit einem KKK-Turbolader versehen, brachte es auf eine Literleistung von knapp 233 PS. Die maximale Leistung von knapp 500 PS entfaltete sich bei etwa 7600 U/min. Mit einem Gesamtgewicht von 820 Kilogramm erbrachte das atemberaubende Fahrleistungen jenseits der 300 km/h-Marke. In knappen 3,3 Sekunden waren die 100 km/h und nach 8,8 Sekunden die 200 km/h erreicht. Aber nicht nur diese Werte flößten der Konkurrenz schon vor dem ersten Rennen Respekt ein, auch das wuchtige Erscheinungsbild des 911 Carrera RSR Turbo 2,1 war beeindruckend. Mit einem Heckflügel so groß, dass man fast darauf selbst ein Rennen hätte austragen können, bekam der 911 Carrera Turbo RSR seine charakteristische bullige Form. Damit die Geschäftsleitung von

TURBOERFOLG ›››››››

Porsche das Auto abnickte, wurde der gigantische Heckflügel in einem unauffälligen Schwarz lackiert. Das gefiel den Herren aus der Vorstandsetage viel besser, blieb doch dadurch die Grundform des 911 gewahrt.

Mit dem Porsche 911 Carrera RSR Turbo läutete der Sportwagenbauer eine neue erfolgreiche Generation von aufgeladenen Rennwagen ein. Der 2.1-Liter-Turbo war der Vorläufer der Generation 934 und 935 und seine Gene reichen bis zum Porsche 956/962. Vier Exemplare baute Porsche vom RSR Turbo. Alle vier wurden in den Martini-Farben lackiert und alle vier existieren noch heute. Was auch daran liegen mag, dass nur drei der vier Wagen in den Genuss gekommen sind, ihr Können auf einer Rennstrecke unter Beweis zu stellen. Fast hätte es beim ersten Einsatz 1974 beim 24-Stunden-Rennen von Le Mans zum Sieg gereicht, doch die Porsche-Mannschaft hatte mit technischen Problemen zu kämpfen, wenngleich die Teile des Turboladers davon nicht betroffen waren.

Mit dem Einsatz des Laders in der Saison 1974 startete Porsche aber eine beispiellose Siegesserie mit Turbo-aufgeladenen Rennwagen, die bis heute anhält. So gesehen ist der Porsche 911 Carrera RSR Turbo der Vater vieler weiterer Rennerfolge.

SCHNITTIGE DATEN:

Länge: 4235 mm
Breite: 2000 mm
Höhe: 1320 mm
Radstand: 2271 mm
Gewicht: 750 kg (leer)

Mission 2014. Notre Retour.
MARTINI INTERNATIONAL CLUB
MARTINI
22
Le Point
MARTINI RACING
Shell
BOSCH
Box53
60

MART
558
Turbolader

RACING
INTERNATIONAL
MARTINI
CLUB
2

ORANGE PAINT

24
DUNLOP

‹‹‹‹‹‹ ORANGE PAINT

Auf die Frage, welche Farbe bei Rennautos in den 1970er- und 80er-Jahren wohl am meisten ins Auge stach, kann es nur eine Antwort geben: Jägermeister-Orange! Das berühmte Max-Moritz-Racing-Team aus Reutlingen setzte Anfang der 70er-Jahre einen 914/6 ein, der zu einem der ersten Porsche mit orangefarbener Lackierung und dem berühmten Sponsoren-Logo »Jägermeister« gehörte. Die Zusammenarbeit zwischen den flotten Schwaben und dem Kräuterlikör-Hersteller weitete sich von Jahr zu Jahr aus und so kam es 1976 zu einem gemeinsamen Engagement auf den Rennstrecken.

Max Moritz bestellte 1975 bei Porsche einen der neuen Porsche 934 Turbo für die kommende Saison. Gemeinsam mit Jägermeister sollte die erfolgreiche Arbeit der vergangenen Jahre weitergeführt werden. Mit dem ersten Turbo-aufgeladenen Renn-Porsche, dem 911 Carrera RSR Turbo, waren die Schwaben werkseitig bereits 1974 sehr erfolgreich unterwegs. Der 934 Turbo, eingesetzt in der Gruppe 4, sollte Porsche zu weiteren Erfolgen führen. Auf der Grundlage des neuen Porsche 911 Turbo wurde nun der 934 Turbo aufgebaut. Es galt die Turbos weiterzuentwickeln und für den Kundensport fit zu machen. Der 911er Serien-Turbo eignete sich dabei hervorragend als Basis für den Motorsport. Die Frontschürze wurde vergrößert, um die beiden zusätzlichen großen Ladeluftkühler unterzubringen. Da das Werk 1976 schon mit dem Porsche 935 in der Gruppe 5 antrat, wurde der 934 in der Gruppe 4 ganz den Kundenteams überlassen. In Zuffenhausen begann man mit der Produktion von geplanten 30 Exemplaren vom Typ 934 Turbo. Der Wagen überzeugte aber schon in seinen Grundwerten und letztendlich wurden für die erste 76er Saison 31 Wagen produziert. Der 934 gilt somit als wichtiger Grundstein für die weitere Entwicklung der Porsche-Kundenrennwagen mit Turbo-Aufladung über

ORANGE PAINT ›››››

die kommenden Jahre hinaus. Das Reglement der Gruppe 4 sah vor, dass sich die Sportgeräte stark an den Serienwagen orientieren sollten. Doch Porsche kannte sich schon damals gut mit der Auslegung diverser Reglementvorgaben aus und so entstand mit dem 934 ein reinrassiger Rennwagen.

Im Maschinenabteil wurde das vertikale Lüfterrad durch ein horizontales ersetzt. Das Prinzip kannte man bereits von zahlreichen anderen Porsche. Der wuchtige KKK-Turbolader, das gleiche Modell wie im 917/10, beanspruchte viel Platz im Motorenraum, sodass man das Wasserkühlsystem vorne in der Bugschürze einbaute. Dieses wiederum benötigte eine eigene Wasserpumpe. Porsche verbaute die einzelnen Elemente ausgesprochen geschickt im Wagen, so wanderte unter anderem der Öltank nach vorne in den Kofferraum, wodurch die Gewichtsverteilung nahezu ideal ausgesteuert war. Die breiteren und wuchtigen Radkästen, die die markante Form des Porsche 934 betonen, sind notwendig, um mit entsprechenden Reifen die enorm gesteigerten Beschleunigungs-, Brems- und Seitenkräfte des Rennwagens zu bewältigen.
Im Innenraum wurde praktisch alles ausgebaut, was nicht unbedingt erforderlich war. Die hinteren Sitzmulden sowie der

VITAMINE FÜR DEN TURBO

Gerade im unteren Drehzahlbereich war das Ansprechverhalten des Turbos ein wenig träge. Vom Fahrersitz aus ließ sich mithilfe des Dampfrades der Ladedruck kurzfristig verändern. Höherer Druck verlieh dem Motor beim Start ein wenig mehr Leistung, im Rennverlauf diente zurückgenommener Boost der Schonung des Motors und der Einsparung von Kraftstoff. Im Porsche 934 / 5 ist das gewaltige Dampfrad gut zu sehen.

Jägermeister
Jägermeister
Jägermeister
MAX MORITZ PORSCHE
24
Jägermeister
Jägermeister
Jägermeister

MAX MORITZ PORSCHE
Jägermeister
24
VALVOLINE
BOSCH
BILSTEIN
DUNLOP

ORANGE PAINT

Beifahrersitz und fast alle Armaturen fielen der Gewichtsreduzierung zum Opfer. Um den vorgeschriebenen Sicherheitsvorkehrungen zu entsprechen, wurde ein Überrollkäfig und ein Sechspunktgurt-System eingebaut. Speziell verstärkte Naben mit Zentralverschluss ersetzten die serienmäßigen Derivate. Die originalen Scheiben mussten laut Reglement beibehalten werden. Die Modifikationen an der Aufhängung waren begrenzt, aber die Teams konnten eine verstellbare Version einbauen, um eine präzisere Einstellung für verschiedene Strecken zu erreichen. Steifere Federn, Stoßdämpfer, Verstärkungsteile und die gelochten 917-Bremsen wurden ebenfalls eingebaut. Ein reinrassiger Rennwagen, der kurioserweise mit den ab Werk eingebauten elektrischen Fensterhebern ausgeliefert wurde.

Zu den ersten Kunden, die den Porsche 934 bestellten, gehörten zahlreiche Privat-Fahrer und -Teams wie Kremer, GELO (Georg Loos) und eben das Max-Moritz-Racing-Team. Max Moritz plante eigentlich nur einen Porsche 934 in dieser Saison einzusetzen. Doch Eckhard Schimpf, der Jägermeister-Patron, erkundigte sich, ob man nicht einen zweiten 934 übernehmen wolle. Die Antwort des schwäbischen Porsche-Händlers fiel sparsam, aber freundlich aus: Wenn Jägermeister das Auto zahlt, gerne!
Beim allerersten Auftritt der neuen Renner in der DRM, dem Eifelrennen 1976 auf dem Nürburgring, sollte gleich auch der erste Sieg vom Max-Moritz-Team eingefahren werden. Insgesamt war die Saison 1976 für die Jägermeister-Porsche eine sehr erfolgreiche. Bis heute sind die Rennwagen bei historischen Läufen unterwegs und noch erfolgreicher in der Welt der Jäger und Sammler von Modellautos. Gelten die Jägermeister-Porsche doch als die meist gebauten Modelle in der Sammlerszene.

FAHRGESTELL 930 670 0167

Unter der Leitung von Teamchef Jürgen Sauter umringt das Max-Moritz-Team stolz seinen Porsche 934. Ausgeliefert wurde er 1976 an den Händler in Reutlingen, der diesen Wagen nur in diesem Jahr einsetzte. Fahrer waren unter anderem Reinhold Stenzel, Derek Bell, Harald Kellners und Günter Steckkönig.

24
Jägermeister

PORSCHE

MILLE
ZENITH
GT2
EFG
64
MOTUL

DERIVAT

PORSCHE
GT2
MOTUL
J. HUEBNER
EFG
64
IDEC SPORT
EFG Bank
VALVOLINE
BOSCH

DERIVAT ‹‹‹‹‹‹

Ein Derivat bezeichnet eine neue Verbindung, die aus anderen Verbindungen entstanden ist. Es ist ein neues Objekt, welches zeitlich gesehen von etwas Älterem abstammt und daraus entstanden ist. So gesehen ist die äußerst seltene Spezies des Porsche 934 / 5 ein Porsche-Derivat. Entstanden ist der 934 / 5 aus seinem Vorläufer, dem 934, dieser wiederum stammt vom 930 ab, soweit der Stammbaum. Doch wie kam es zu diesem Zwitter-Porsche?

Mit dem Martini Turbo RSR startete bei Porsche 1974 die Turbo-Ära des Leitmodells 911. Evolutionsstufe für Evolutionsstufe wurde gezündet und schließlich entwickelte man für die Saison 1976 zwei Derivate des 930: den 934 und den 935. Der Porsche 934 wurde für Rennen der Gruppe 4 und der 935 für die Teilnahme an Gruppenrennen in der Sportwagenweltmeisterschaft gebaut. Die Homologation der Gruppe 4 sah vor, dass vom Grundmodell, also dem 930, 400 Stück in 24 Monaten gebaut werden mussten. In Anbetracht dessen, dass vom Porsche 935 nur eine Handvoll Rennwagen hergestellt und diese auch nur vom Werk eingesetzt werden sollten, war der Run auf die 934er von Kundenteams wie Georg Loos, den Gebrüdern Kremer oder Max Moritz Racing entsprechend groß. Sie wagten sich auch daran, die Neunvierunddreißiger so zu modifizieren, dass man letztendlich auch in der Gruppe 5 starten konnte.

Die Ende der 60er-Jahre in den USA gegründete IMSA-Rennserie dominierten Anfang der 1970er die Carrera RSR und fuhren zuverlässig von Sieg zu Sieg. Die Zuverlässigkeit der amerikanischen Konkurrenten, die manchmal schneller als die Porsche waren, ließ jedoch zu wünschen übrig. Der Porsche 934 wurde 1976 erfolgreich auch in der TransAm-Meisterschaft eingesetzt. In der folgenden Saison wollte Porsche den 935 für seine Kunden freigeben und auch in Amerika antreten. Angesichts der Erfahrungen der vergangenen Jahre und aufgrund der beeindruckenden Erfolge neuer Porsche-Modelle in amerikanischen Rennserien, erlaubten die dortigen Sportbehörden aber zunächst den Einsatz des Porsche 935 / 77 nicht. Porsche wollte dennoch die Technologie seinen dortigen Kunden zur Verfügung stellen und so entstand der Porsche 934 / 5, der in den Staaten auch 934 ½ genannt wird.

Mithilfe verschiedener Modifikationen wurde aus dem 934 ein 934 / 5. Eingesetzt nach dem Reglement der IMSA wurden zehn Autos von Porsche aufgebaut. Der wuchtige Heckflügel des Porsche 935, noch breitere Kotflügel und eine mechanische Bosch-Einspritzung anstelle der K-Jetronic sind nur einige der Veränderungen, die der Sportwagenbauer hierfür vornahm. Der Porsche erreichte rund 540 PS bei einem Ladedruck von 1,4 bar. Bei Bedarf konnte der Ladedruck auf 1,7 bar erhöht werden,

DERIVAT ›››››››

was zu einer Leistungssteigerung um 60 PS führte. Neun der zehn gebauten 934 / 5 wurden schließlich in die Vereinigten Staaten ausgeliefert. Aufgrund der vielen langwierigen Verhandlungen, die Porsche im Vorfeld des Renneinsatzes des 934 / 5 in den USA führen sollte, verzögerte sich allerdings die Lieferung der Fahrzeuge, sodass diese an den ersten Rennen gar nicht teilnehmen konnten. Nur ein Modell verblieb in Europa und wurde von einem italienischen Team eingesetzt. Der 934 / 5, aufgebaut auf dem 930, führte damit die Erfolgsstory der Turbo-aufgeladenen Porsche 911 im Motorsport in direkter Linie weiter. Ein echtes Derivat, das man ganz selten bei heutigen Sportveranstaltungen sehen kann.

Bei diesem 934 / 5 handelt es sich um einen nachträglich auf Basis eines Porsche Turbo aufgebauten Wagen. Er ist aber nicht weniger schnell als einer der zehn original gebauten Porsche 934 / 5 von 1976. Auch wieder ein Derivat.

PORSCHE
GT2
64
DAVID SEABROOKE
Jürgen Barth
J. M. MARTIN
J. HÜBNER
MOTUL
2010
2013
2016
GOODYEAR
GOOD YEAR
BOSCH

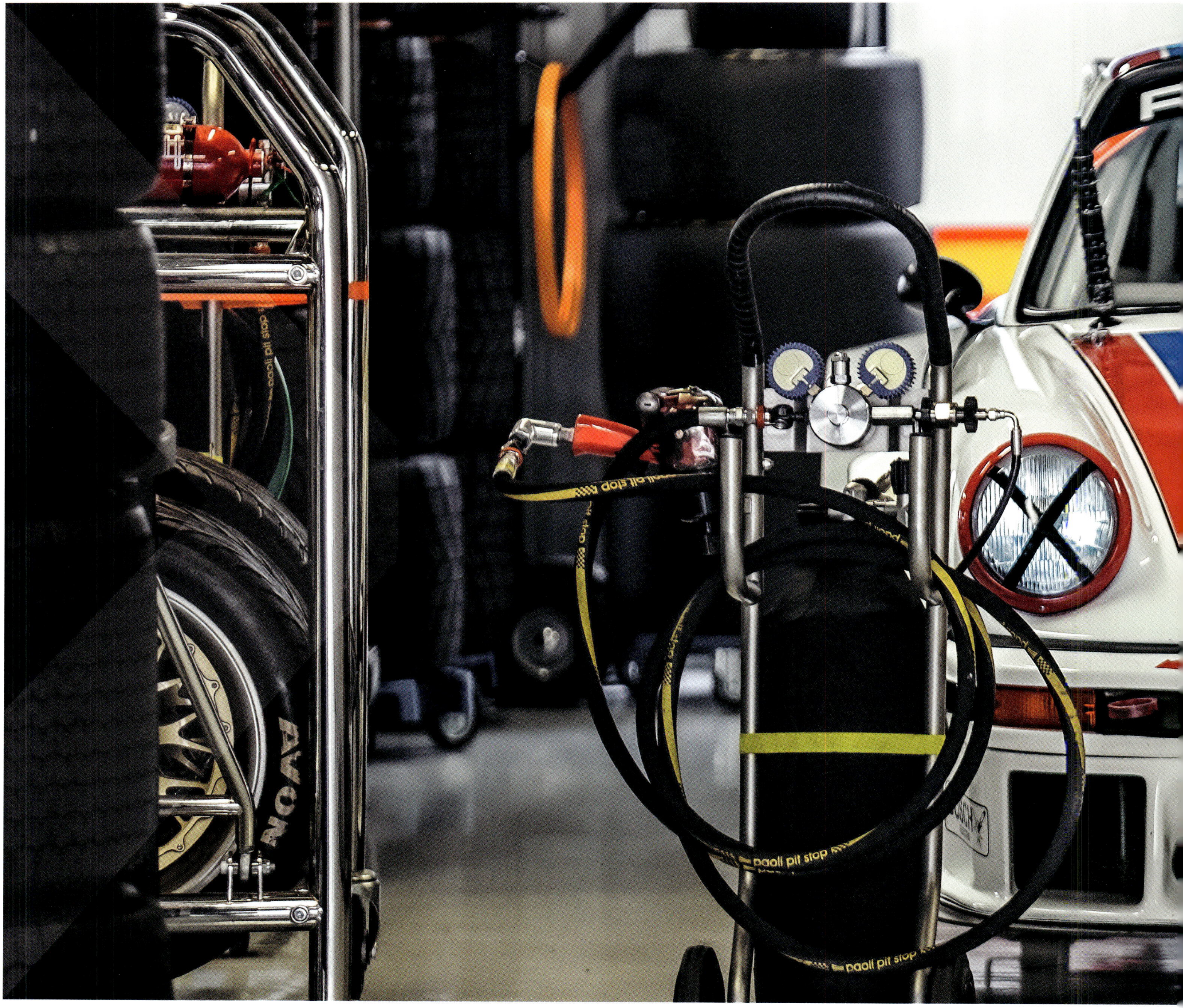
paoli pit stop
AVON

RECARO
EFG
64
EFG Bank
IDEC SPORT
VALVOLINE
DMHmotorsport
BOSCH

FIT FOR FUN

PORSCHE

MARTINI PORSCHE
41
DUNLOP
Shell
BOSCH
BILSTEIN
MARTINI PORSCHE

FIT FOR FUN ‹‹‹‹‹‹‹

Für die Sportwagen-Weltmeisterschaft 1977 entwickelte Porsche den 935 für die Gruppe 5 weiter. Nach den Regeln mussten dafür Teile der Karosserie dem Original entsprechen. Porsche wollte aber mehrere Komponenten an der Außenhaut optimieren und dem Wagen unter anderem ein völlig neues Heckteil geben, das den Anpressdruck und die Aerodynamik verbessern sollte. So kam man auf die geniale Idee, über der originalen Heckscheibe eine zweite einzusetzen. Damit blieb die Original-Karosserie erhalten und Porsche konnte das neue Heckteil samt Spoiler montieren. Unterhalb der Türen wurden sogenannte Trittbretter angebracht. Auch diese halfen, den Luftstrom am Unterboden des Fahrzeugs zu optimieren.
Beim Motor verwendete man die Version von 1976, jedoch wurde ein zweiter, kleinerer Lader eingebaut, um das Turboloch zu verringern. Dies führte zu einem deutlichen Vorteil der Werks-Rennwagen gegenüber den von Kunden eingesetzten Fahrzeugen, die erst 1978 in den Genuss des Twin-Turbo-Motors kommen sollten.

Porsche baute zwei Autos für die Saison auf. Eines davon ist der Porsche 935/77-004. Jacky Ickx und Jochen Mass sollten im ersten Einsatz mit dem Wagen beim Sechs-Stunden-Rennen von Mugello gleich einen Erfolg einfahren. Rolf Stommelen und Manfred Schurti fuhren mit dem Vorjahres-Porsche 935 ebenfalls mit. Doch das neue, von Martini gesponserte Werksteam hatte schon vor dem Start mit ganz anderen Problemen zu kämpfen. Jacky Ickx meldete sich krank und Manfred Schurti

MARTINI
PORSCHE
Shell
DUNLOP
MASS
MARTINI
41
Turbolader
DUNLOP
Shell
BOSCH
BILSTEIN

‹‹‹‹‹‹ FIT FOR FUN

hatte mit massiven Magenproblemen zu kämpfen. Mit dabei im Porsche-Team war wie immer Jürgen Barth, der eigentlich nicht als Fahrer mitgekommen war, sondern um alle anderen Dinge für das Team an so einem Rennwochenende zu erledigen. Den Rennhelm und den Overall immer im Gepäck, wurde er kurzerhand anstelle von Jacky Ickx in den Porsche gesetzt.

Jochen Mass erkämpfte in einem völlig verregneten Qualifying die Pole-Position vor dem zweiten Werks-Porsche. Vom Start weg führten die beiden Porsche das Rennen an. Mit zunehmendem Regen wechselten beide Boliden auf Regenreifen, Jochen Mass, der nun auch mit Magenproblemen zu kämpfen hatte, übergab den Wagen an Jürgen Barth. In diesem Moment übernahm ein vom Kunden-Team Kremer eingesetztes Auto die Führung, am Steuer John Fitzpatrick. Barth fuhr wieder auf die Strecke und holte den Markenkollegen nach kurzer Zeit ein. Bei einem ersten Überholmanöver kam es für das Martini-Team allerdings zu einer technischen Panne, als der Keilriemen der Lichtmaschine riss. Jürgen Barth, der Techniker unter den Rennfahrern, schaffte es noch, den Wagen zurück in die Box zu bringen. Dort wurde nicht nur der Riemen getauscht, auch die Bremsbeläge wurden erneuert. Mit genau einer Runde Rückstand kam Barth wieder auf die Strecke und lag sofort wieder hinter seinem Markenkollegen Fitzpatrick. An der nächsten Kurve wollte der Werksfahrer einbremsen und bemerkte, dass die Wirkung beim Druck aufs Pedal gleich null war. Barth versuchte noch durch Runterschalten den Wagen zu verlangsamen, doch er fuhr mit voller Wucht auf John Fitzpatricks Porsche auf. Die beiden Fahrzeuge flogen von der Rennstrecke und blieben mit viel Glück in den Fangzäunen hängen. Beide Piloten blieben unverletzt, doch der Porsche 935/77-004 wurde gleich in seinem ersten Rennen zu einem Totalschaden. Jürgen Barth hatte bei diesem Unfall noch Glück im Unglück. Später stellte sich heraus, dass die Bremsen infolge eines gebrochenen Zylinders irgendwann sowieso ausgefallen wären.

Über 40 Jahre später ist das Auto wieder topfit und als Teil des rollenden Porsche-Museums auf Rennstrecken zu sehen. Jürgen Barth, ebenfalls topfit wie vor 40 Jahren, sitzt am Steuer und für ihn ist es Dank seiner großen Porsche-Erfahrung beinahe ein Kinderspiel, den Wagen über den rutschigen Rennkurs beim Historischen Grand Prix von Zandvoort zu lenken. Wie vor 40 Jahren regnet es, doch dieses Mal übernimmt Barth sofort die Führung. Ein später Sieg für den Porsche 935 / 77 – mit Jürgen Barth am Volant.

MARTINI PORSCHE
MARTINI
PORSCHE
PORSCHE
MARTINI
41
Shell
DUNLOP
Turbolader

SAFARI ON ICE

SAFARI ON ICE ›››››››

Mit Eis und Schnee hatten die beiden Porsche 911 SC Safari, die 1978 zur Safari Rallye in Afrika antraten, eher weniger zu tun. Die Rallye-Porsche waren präpariert für glühende Hitze, viel Schlamm und extremen Regen. Das Team Martini-Racing-Porsche-System-Engineering trat mit dem schwedischen Rallye-Ass Björn Waldegaard und dessen Co-Piloten Hans Thorszelius sowie dem heimischen Fahrer Vic Preston jr. und John Lyall an. Dazu kamen etliche VW-Team-Busse (T2), vollgepackt mit Ersatzteilen, ein Landrover, ein weiterer in gelb lackierter Porsche 911 SC als schnelles Servicefahrzeug, pilotiert von Jürgen Barth und Roland Kussmaul. Sowie ein als Leitstand und Funk-Relaisstation eingesetztes, gechartertes, kleines Flugzeug, mit dem der Sportchef Peter Falk und der Versuchsleiter Helmuth Bott aus der Luft versuchten, das ganz Unternehmen zu koordinieren.

Die Fahrt durch die riesigen Schlaglöcher, über steinharte und staubtrockene Savannen, durch reißende Flussläufe und manch kühnen Sprung über Hügel und Steine blieb bei beiden Porsche 911 SC Safari nicht ohne Folgen. Jürgen Barth und Roland Kussmaul hatten in ihrem 250 PS starken Boliden und den weiteren Service-Fahrzeugen unzählige Ersatzteile mit dabei, um die Blessuren an den beiden Rallye-Autos immer wieder auszubessern oder Teile komplett zu ersetzen. Barth und Kussmaul waren in die Entwicklung der Fahrzeuge stark eingebunden und kannten die Off-Road-911er in- und auswendig. Auch die Organisation des Porsche-Einsatzes lag in ihren Händen.
Dabei war Roland Kussmaul mehr für die Technik zuständig und Jürgen Barth für die Planung. Auf der sogenannten Panzerstrecke im Versuchszentrum von Weissach, wo es auch einmal über quer liegende Eisenbahnschwellen gehen konnte, wurden die Rallye-Elfer auf Herz und Nieren geprüft. Durch längere Federwege erreichte man 28 Zentimeter mehr Bodenfreiheit gegenüber dem serienmäßigen 911. Ein Überrollkäfig sowie ein massiver Rammschutz gehörten zum Standard eines jeden Rallyeautos. Da das Tankstellennetz bei der Safari eher dünn ist, bekam der 911 SC Safari einen 110 Liter fassenden Kraftstoffbehälter. Der komplette Unterboden war mit einem sechs Millimeter starken Alublech verkleidet. Das half nicht nur gegen schwere Beschädigungen durch dicke Steine oder Äste, sondern ließ den Wagen wie auf Schienen durch die zahlreichen Schlammpassagen fahren. Trotz der massiven Verstärkungen am und im Auto hatte der Porsche ein relativ geringes Gewicht von gerade mal 1180 Kilogramm.
Das Zusammenspiel zwischen der Technik, dem fahrerischen Können und dem Service ist für solch eine Rallye entscheidend. Dank des Flugzeuges bekam der Service mit, was im Fall der Fälle zu tun war. So auch ein Problem mit der Achswelle an Björn Waldegaards Wagen. Kussmaul hatte die Ersatzwelle im Service-Porsche dabei und präparierte diese noch im Auto während der Fahrt mit genügend Fett, sodass beim Service so wenig Zeit wie möglich verloren gehen würde. Wie der gelbe Service-Porsche danach im Inneren ausgesehen hat, möchte man sich lieber nicht vorstellen. Dass man im Busch auch Erfahrungen mit dem einen oder anderen Tier machte, steht außer Frage. Manch beherzter Stoß auf das Gaspedal und der dazugehörige röhrende Sound des Boxermotors vertrieb nicht nur das Wildtier von der

MARTINI
COMPETITOR
Shell
DUNLOP
TELETRON
CIBIE
CIBIE
CIBIE
MARTINI
47
MARTINI PORSCHE
B.WALDEGAARD
H.THORSZELIUS
DUNLOP
BILSTEIN
BOSCH
Shell

DUNLOP
BILSTEIN
BOSCH
Shell
47
MARTINI
M. STOCK
M. STOCK
5
23rd-27th MARCH 1978
Duco the AUTO PAINT

‹‹‹‹‹‹‹ SAFARI ON ICE

Strecke, sondern auch die zahlreich an der Piste stehenden, einheimischen Zuschauer.

Björn Waldegaard hatte mit den Tücken der Rallye ein wenig mehr zu kämpfen als der zweite Porsche mit Vic Preston jr. Zwar führte Waldegaard nach knapp der Hälfte der Veranstaltung das Rennen an, beklagte aber immer wieder kleinere wie auch größere Reparaturen am Fahrzeug. Ein Aasgeier im Tiefflug, eventuell angelockt von den roten Martini-Streifen auf dem Auto, flog Angesicht zu Angesicht auf Waldegaard zu. Das Duell gewann zwar der Schwede, doch die Windschutzscheibe war hinüber. Barth und Kussmaul waren mit dem nicht minder schnellen Service-Porsche immer in der Nähe ihrer Schützlinge und konnten hastig das kaputte Glas gegen ihre eigene Windschutzscheibe tauschen. Für Björn Waldegaard ging die Fahrt weiter und auch für das Service-Fahrzeug, jedoch ohne Frontscheibe, dafür aber mit zwei Motorradbrillen. So eine Fahrt ohne Scheibe ist in Afrika im Übrigen nicht zu empfehlen, da dadurch auch jedes noch so kleine fliegende Getier im hinteren Teil des Autos oder vorher auf der Stirn der Piloten landet.

Auch diesen Anlauf zur Safari Rallye 1978 sollte Porsche nicht gewinnen, doch mit dem zweiten Platz für Vic Preston jr. und dem vierten Platz für Waldegaard gehörten die 911 zu nur 13 verbliebenden Autos von insgesamt über 70 gestarteten, die im Ziel Nairobi ankamen.
Beim GP Ice Race im österreichischen Zell am See zeigt sich, dass der Safari-Porsche durchaus auch auf eisigem Untergrund Potenzial gehabt hätte. Als wäre der Wagen dafür gebaut, driftet er gekonnt um den Kurs und begeistert heute noch mit seiner Martini-Lackierung die einheimischen Zuschauer. Seien es die Zuschauer in Afrika oder die im Salzburger Land.

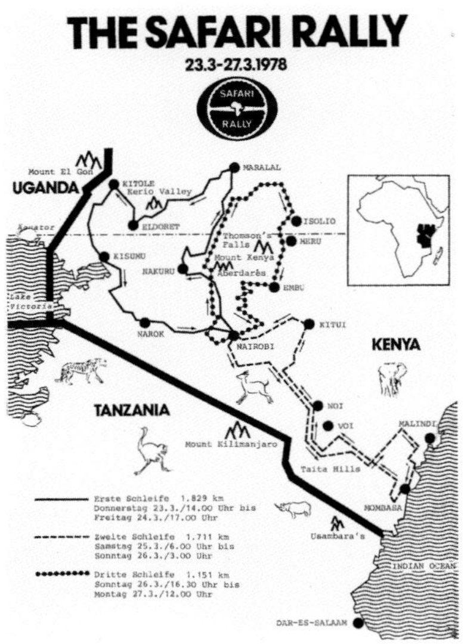

SAND, SCHLAMM, STEPPE

Die Safari-Rallye 1978 im Überblick: Kenia war der zentrale Austragungsort des Wettbewerbs. Dabei waren die Teams über 5000 Kilometer unterwegs. Eisflächen gehörten damals nicht zu den Hürden, dafür gab es aber Unmengen von Schlamm und Sand auf den drei Etappen der Rallye.

MOBY DICK

3

MARTINIPORSCHE
J. MASS
43
Gr 5
BOSCH
Shell
DUNLOP
SCHMITTHELM

MOBY DICK «««««

Die mit blindem Hass geführte Jagd auf den weißen Pottwal Moby Dick, der ihm ein Bein abgerissen hatte, brachte Kapitän Ahab beinahe um den Verstand. In seinem Roman erzählt der Schriftsteller Herman Melville Geschichten über den Walfang, über die Jagd und über den Sieg über einen eigentlich Unbesiegbaren. Doch der Roman wartet auch mit vielen wissenschaftlichen, kunstgeschichtlichen und mythologischen Elementen auf. Geschichten wie man sie auch über den Porsche 935 »Moby Dick« erzählen kann. Auch hier geht es um ein wildes Tier, dass gezähmt werden soll, aber dieses Tier wird nicht nur gejagt, es ist auch auf der Jagd. Auf der Jagd nach Titeln und Rekorden und sein Jagdrevier sind nicht die Weltmeere, sondern Rennstrecken wie Le Mans und Silverstone.

Die Jagd des Porsche 935 / 78 beginnt im Jahr 1978. Im Training zum Sechs-Stunden-Rennen von Silverstone fährt der breite und flache Rennwagen mit Jacky Ickx und Jochen Mass am Steuer schon fünf Sekunden schneller als der Porsche 935 / 77 im Vorjahr und ist bei seinem Debüt auf der Rennstrecke mindestens zwei Sekunden pro Runde flinker als die schnellsten Konkurrenten. Mit ganzen sieben Runden Vorsprung gewinnt Porsche das Rennen souverän. »Moby Dick« ist im Gegensatz zu seinem Vorgänger, dem Porsche 935 / 77, nicht auf der Modellreihe 930 aufgebaut, sondern auf der Basis eines Porsche 911 SC. Maßgeblich an der Entwicklung beteiligt waren der damalige Motorsport-Chef Norbert Singer und Hans Mezger, zuständig für die Weiterentwicklung des Motors. Mit einer Leistung von 845 PS gehört der Sechszylinder-Boxermotor mit 3,2 Litern

MARTIN
BFGoodrich

Der Rennfahrer Manfred Schurti im rechtsgelenkten Porsche Typ 935 / 78 »Moby Dick« in Goodwood.

«««« MOBY DICK

zu den stärksten 911er-Triebwerken überhaupt. Mittels wassergekühlter Vierventil-Zylinderköpfe, die fest mit den Laufbuchsen der Kolben verschweißt waren, wurde die Kraft über ein auf dem Kopf eingebautes Vierganggetriebe auf die Hinterräder übertragen.

Durch eine geschickte Auslegung des Reglements konnte man die Aerodynamik des Wagens deutlich verbessern. In den ersten Windkanal-Versuchen waren die Türen komplett verkleidet, das Reglement sah jedoch die Verwendung der Serienteile vor. Norbert Singer entfernte daraufhin die Verkleidung und zog die breiten vorderen Kotflügel einfach in die Länge über die originalen Türen, was im Endeffekt aerodynamisch wieder fast dieselbe Wirkung hatte. Auch stand im Regelwerk, dass die Heckscheibe dem Original entsprechen müsse. Über eine zweite Heckscheibe, die darüber liegen könnte, fand man dort nichts. So wurde die originale Scheibe durch Plexiglas ersetzt und darüber lag mit der am Aluminium-Gitterrohrrahmen aufgebauten langen Karosserie ein weiteres Heckfenster. Einem unpräzisen Reglement zu verdanken war auch die unten um sechs Zentimeter gekürzte und dadurch flachere Karosserie bei identischer Silhouette. Das tiefe und durch die extrem breiten Kotflügel sehr wuchtige Erscheinungsbild des Porsche 935 / 78 war damals einmalig in der Motorsportwelt und brachte dem Wagen schließlich den Spitznamen »Moby Dick« ein.

Mit dem 935 / 78 und den beiden Fahrern Manfred Schurti und Rolf Stommelen ging Porsche 1978 in Le Mans an den Start. Seine Leistung wurde auf 750 PS gedrosselt, was immer noch reichen sollte, um das Rennen souverän zu gewinnen. »Moby Dick« erreichte auf der Hunaudières-Geraden dank seiner guten Aerodynamik stolze 366 km/h und gehörte damit zu den schnellsten Rennwagen im Wettbewerb überhaupt. Vom zweiten Startplatz aus gestartet, fiel das Fahrzeug wegen Fehlzündungen und einem Ölleck allerdings zurück und kam am Ende auf dem achten Gesamtrang ins Ziel. »Moby Dick« hatte danach noch zwei weitere Auftritte. Zum einen im italienischen Valelunga, einer kleinen Rennstrecke nördlich von Rom. Dort setzte das Porsche-Martini-Werksteam auf die Fahrerpaarung Jacky Ickx und Manfred Schurti. Überlegen fuhr man auf die Pole-Position und lag im Rennen deutlich in Führung. Doch acht Runden waren zu fahren und da machte eine defekte Benzinpumpe den sicher scheinenden Sieg zunichte. Beim Rennen zur Deutschen Rennsport Meisterschaft auf dem Norisring hatte Porsche es mit starker Konkurrenz wie Kremer-Racing, GELO-Racing und dem Max-Moritz-Team zu tun. Ein technischer Defekt bedeutete bereits früh im Rennen das Aus für den Porsche 935 / 78.
Der einzigartige Rennwagen gehört heute zum Portfolio des rollenden Porsche-Museums und startet immer mal wieder bei einer historischen Veranstaltung. Kapitän Ahab hätte seine Freude an einem Ritt mit dem Porsche »Moby Dick« gehabt.

THE NEW MOBY DICK

Porsche überraschte zum 70-jährigen Jubiläum 2018 mit einer Neuauflage des Porsche 935. Vierzig Jahre nach dem Einsatz des »Moby Dick« wurde der neue 935 für Freunde des Hauses angeboten. Die Hommage war in Höchstgeschwindigkeit ausverkauft.

MARTINI
J. MASS
1978
Gr 5
BILSTEIN
BOSCH

43
MARTINI
Shell

BIKINI RACE

DICK
IMSA
70

RICHARD MILLE
Dick Barbour RACING
HAWAIIAN TROPIC
70
BP
GOOD YEAR
S.E.V. MARCHAL
garretson enterprises
BP BP BP
Dick Barbour RACING
IMSA
MOTUL

BIKINI RACE

Zu einem seiner ersten und zugleich bekanntesten Filme, in denen Paul Newman mitgespielt hat, gehört »Die Katze auf dem heißen Blechdach« von 1958. Ein Filmtitel, der gut und gerne auch auf den ersten Einsatz des US-amerikanischen Schauspielers Paul Newman beim 24-Stunden-Rennen von Le Mans im Jahr 1979 gepasst hätte. Der von dem Sonnencreme-Hersteller Hawaiian Tropic gesponserte rote Porsche 935 wurde kurz vor dem Start des Rennens in Le Mans ausgesprochen werbewirksam von zwei lediglich Bikinis tragenden Models, gefolgt von einer Schar an Fotografen, auf seinen Startplatz geschoben. Diese Werbung für den Sponsor und das Team kam besonders gut beim französischen Publikum an, das diesen Auftritt mit viel Applaus bedachte. Das war bereits ein erster PR-Erfolg für den Hawaiian Tropic-Porsche in Le Mans, ohne auch nur eine einzige Rennrunde gefahren zu sein.

Paul Newman galt in den USA als einer der erfolgreichsten Schauspieler seiner Zeit. Sein Interesse am aktiven Motorsport war wohl bei den Dreharbeiten zum Film »Indianapolis – Wagnis auf Leben und Tod« geweckt worden. Als Perfektionist in der Vorbereitung auf seine Filmrollen bekannt, besuchte Newman eine Rennfahrschule, um später beim Dreh des Filmes den einen oder anderen Stunt selbst fahren zu können. Daraus erarbeitete sich Paul Newman neben der Schauspielerei eine weitere Karriere als Rennfahrer, die mit dem Gewinn mehrerer Meisterschaften in der amerikanischen SCCA-Serie gekrönt wurde.
Beim 24-Stunden-Rennen von Le Mans 1979 bekam Paul Newman dann seine Chance als Fahrer im Team von Dick Barbour auf diesem Porsche 935. Die beiden anderen Piloten waren der Teambesitzer Barbour selbst und der schnelle Rolf Stommelen. Das Medieninteresse am Start des Gentlemen-Fahrers Newman war überwältigend. Was wäre doch ein Sieg des berühmten Grammy-Gewinners für eine Schlagzeile am Montag nach dem Rennen geworden.
20 Porsche sind im Jahr 1979 am Start, darunter auch die zuletzt siegreichen Porsche 936. Für das Team um Dick Barbour läuft es zunächst gut. Der in der Nacht einsetzende Regen macht das Rennen insgesamt langsamer und die GT-Klasse, in der auch die 935er fahren können, schließt auf die in Führung liegenden und viel schnelleren Porsche 936 auf. Die vom Werk eingesetzten 936 bekommen zudem technische Probleme, fallen zurück und müssen letztendlich das Rennen vorzeitig beenden. Einer der

HAWAIIAN
Tropic
Dick Barbour
GOODYEAR
interscope

›››››› BIKINI RACE

beiden eingesetzten Kremer-Porsche 935 K3 geht in Führung, dicht dahinter der Dick Barbour-Porsche mit Paul Newman im Team. Es werden dramatische letzte Runden für die beiden führenden Porsche 935, die noch dazu ebenfalls von technischen Problemen geplagt werden. Doch schlussendlich kommen beide Porsche nach 24 Stunden ins Ziel.

Mit 307 gefahren Runden auf Platz eins der Kremer-Porsche mit Klaus Ludwig und den Brüdern Whittington und mit nur acht Runden Rückstand sensationell auf dem zweiten Platz erreicht Paul Newman mit seinem Team Dick-Barbour-Racing bei seinem ersten Le Mans-Einsatz das Ziel. Ein von der Startaufstellung bis zum Ende nach 24 Stunden spannendes Rennen, für die Fahrer wie auch für die begeisterten Zuschauer.

TROPIC GRID GIRLS

Die bekannte amerikanische Sonnencreme-Marke Hawaiian Tropic, die diesen Porsche 935 sponserte, veranstaltete in den USA Schönheitswettbewerbe. Zum Start des 24-Stunden-Rennens von Le Mans im Jahr 1979 brachte Hawaiian Tropic gleich ein ganzes Team von Schönheitsköniginnen nach Europa. Im Starterfeld waren die spärlich bekleideten Damen ein weiteres optisches Highlight neben den Rennwagen. Es heißt, dieser Auftritt habe den Anfang für Grid Girls auf europäischer Ebene gebildet.

Dick Barbour RACING
HAWAIIAN TROPIC
70
BP
GOODYEAR
S.E.V. MARCHAL
garretson enterprises
BP BP BP
ROLF STOMMELEN
Dick Barbour RACING
SACHS

Dick Barbour RACING
PAUL NEWMAN
ROLF STOMMELEN
70
BP
BP BP BP
Dick Barbour RACING
SACHS
DICK BARBOUR
IMSA
70
538
GOODYEAR
BOSCH

Fouquet's
Paris
HAWAIIAN
Tropic
Roger Norman
RACING

PORSCHE
PERFORMANCE MOTORSPORTS
87
BOSCH
GOODYEAR
61
BEVERLY
PORSCHE
AUDI

USA TRANSAXLE

PERFORMANCE MOTORSPORTS
U 87
LÖWENBRÄU Special
BOSCH
GOODYEAR
GT
CAMEL GT
BBS
AVON

‹‹‹‹‹‹ USA TRANSAXLE

In den späten 1970ern war man sich bei Porsche darüber im Klaren, dass es zu einer Erneuerung des Kapitels Motorsport kommen musste. Der auf allen Rennstrecken der Welt erfolgreiche Porsche 911 mit seiner Vielfalt an Rennmodellen war zu dieser Zeit bereits fast ausgereizt. Die Zuffenhausener hatten jedoch mit den Transaxle-Modellen 928 und 924 neue Pferde im Stall. Und wer Porsche kennt, der weiß, dass es so gut wie kein Serienmodell gab, das nicht früher oder später im Motorsport gelandet wäre. Nach der Vorstellung des 924 im Jahr 1977 dauerte es auch nicht lange, bis es eine Turbo-aufgeladene Version des ursprünglich von einem kleinen Vierzylindermotor angetriebenen Wagens gab. Der 924 Turbo, ein durch das Transaxle-Prinzip sehr ausgewogener Sportwagen, stellte schon damals mit seinen Fahrleistungen den aktuellen Porsche 911 fast in den Schatten. Für den Motorsport entwickelten die Porsche-Renningenieure den Porsche 924 Carrera GTR. Das Ergebnis war ein zwangsbeatmeter Reihen-Vierzylinder mit einer Leistung von knapp 400 Pferdestärken und einer Vmax von über 290 km/h. Von diesem Modell baute Porsche lediglich 17 Exemplare.

In den USA beobachtete Al Holbert, der amerikanische Rennfahrer mit viel Porsche-Erfahrung, die Renneinsätze des 924 Carrera GTR ganz genau und entschloss sich, seinen eigenen Porsche 924 GTR aufzubauen. Insgesamt sind vom Holbert GTR sechs Exemplare gefertigt worden, die zunächst ausschließlich in der amerikanischen IMSA- und TransAm-Serie starteten. Wie die werkseitig aufgebauten Carrera GTR waren auch die Holbert GTR konkurrenzfähige Rennwagen und auf den Rundstrecken schon bald gefürchtete Gegner.

Bei dem hier abgebildeten Porsche 924 GTR handelt es sich um die Nummer 004. Gefahren wurde der Wagen unter anderem von Hurley Haywood, Elliott Forbes-Robinson und weiteren namhaften Fahrern. Al Holbert und sein Team schafften es, aus dem kleinen Vierzylinder unter anderem mithilfe eines riesigen Ladeluftkühlers zeitweise fantastische 600 PS herauszuholen. Der GTR war mit knapp über 1000 Kilogramm Gewicht eine Rakete auf Rädern. 924-004 fuhr zahlreiche Erfolge ein und gilt in der US-Renngeschichte als der erfolgreichste Porsche 924.

PORSCHE
PORSCHE
87
U
PERFORMANCE MOTORSPORTS
BOSCH

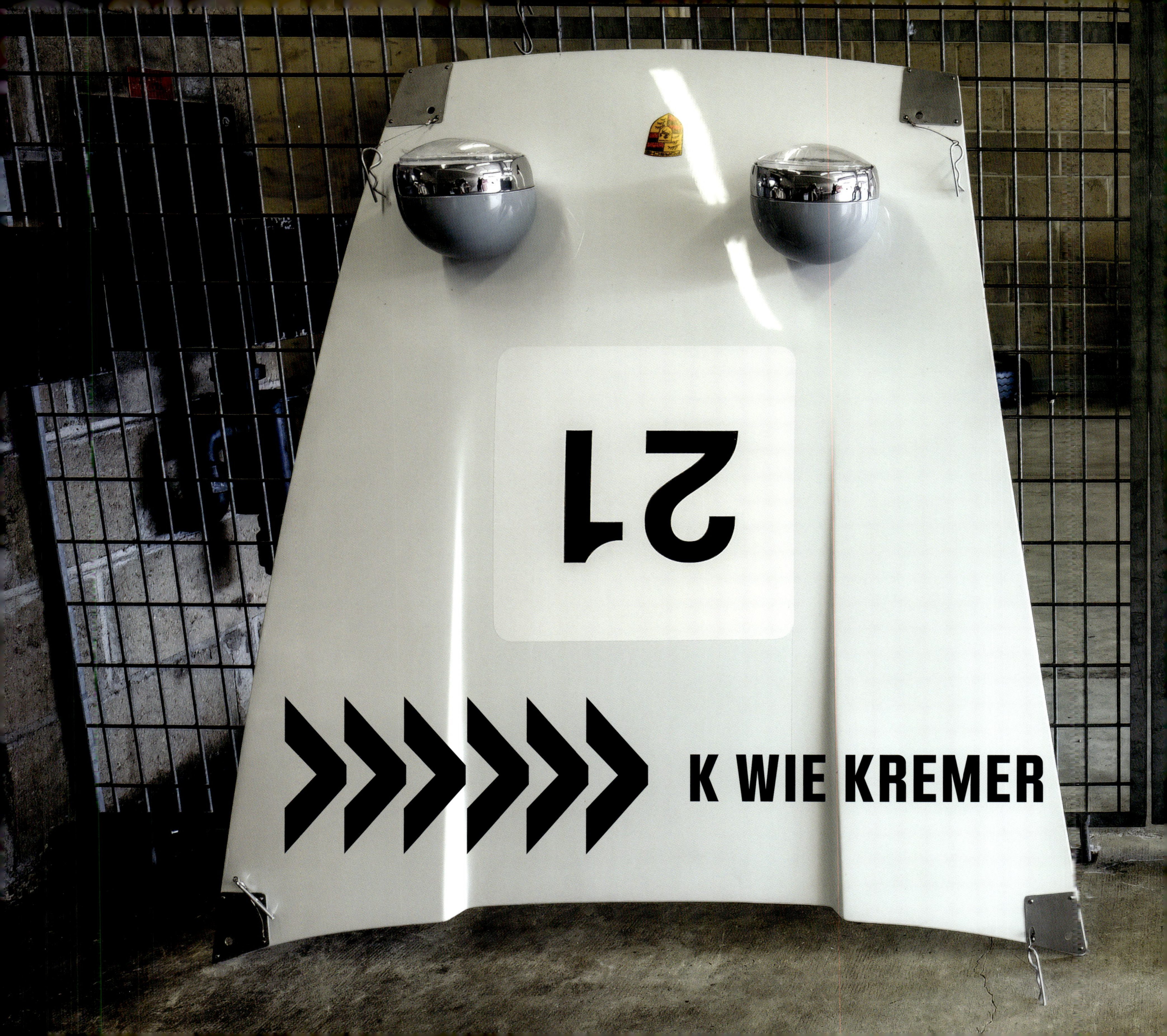
21
K WIE KREMER

Valvoline
10
2018

INTERSCOPE • KREMER
68
Le Point
Valvoline
Shell
BOSCH
GOODYEAR
BOSCH
BBS
BBS

K WIE KREMER ‹‹‹‹‹‹‹

Dieser Kremer-Porsche K3 / 81 ist der letzte gebaute 935er aus der Hand der Gebrüder Kremer. Der Wagen mit der Fahrgestellnummer 01 00020 sollte 1981 in Le Mans unter der Leitung des Interscore-Racing-Teams einen weiteren Gesamtsieg einfahren. Das Fahrzeug teilten sich die drei Fahrer Ted Field, Bill Whittington und dessen Bruder Don Whittington, alle drei aus den USA. Ted Field gab von Beginn des Rennens an Vollgas und lag zeitweise auf dem zweiten Platz in der Gesamtwertung. Doch das Auto hielt diese Pace nicht durch und schon in Runde 50 war Schluss. Ein Motorschaden zwang zur Aufgabe.

In seiner letzten Ausbaustufe wurde der Porsche 935 K3 / 81 schon mit Fahrwerksteilen des K4 ausgestattet. Wie beim Vorläufer, dem K2, fanden die Gebrüder Kremer immer noch weitere Komponenten am Fahrzeug, die es gegenüber den werkseitig von Porsche aufgebauten 935 zu verbessern gab. So wurde dem Modell K3 ein komplett neuer Überrollkäfig eingebaut, der mit den Radaufhängungen vorne und hinten fest verschweißt war, sodass sich die Verwindungssteifigkeit des Wagens deutlich verbesserte. Eine um zehn Zentimeter in das Wageninnere versetzte Motorspritzwand erleichterte den Zugang zum Maschinenraum. Weitere technische Umbauten im Heck machten nun einen kompletten Triebwerkwechsel möglich, ohne den Wagen dafür aufbocken zu müssen. Angetrieben wird der K3 / 81 von einem mit zwei Turboladern ausgestatteten 3,2-Liter-Sechszylinder-Boxermotor. Die Kraftübertragung erfolgt mittels eines Vierganggetriebes, das auch schon im Porsche 935 / 78 (»Moby Dick«) seinen Dienst tat. Die Schaltbox wurde um 180° verdreht, also auf dem Kopf, eingebaut. Das brachte zum einen den Vorteil geringerer Beugung der Halbwellen und die komplette Karosserie konnte um vier Zentimeter abgesenkt werden.

Kremer optimierte auch die flache und breite Karosserie des 935. Mit langen kleinen Finnen auf den Kanten der vorderen sowie den hinteren, größeren Kotflügeln, verbesserte sich der Luftstrom über dem Auto. Am Heck angekommen wurde die Luft noch einmal über den mächtigen Flügel geleitet, den man durch verschiedene Stellschrauben vielfältig anwinkeln konnte.

Valvoline
LA MODA goji
Ted Field
D.+B. Whittington
EFG
GT2
10
BBS
BILSTEIN
NOSTALGIE
GOODYEAR
Shell
BOSCH
伊太利屋

‹‹‹‹‹‹ K WIE KREMER

Mit dem ersten Einsatz eines Kremer Porsche K3 1979 und dem Gewinn der 24 Stunden von Le Mans lösten die Gebrüder eine regelrechte Bestellflut aus. Dabei war der Neuwagenpreis von gut 350.000 Mark für viele Privatfahrer kein Problem, sodass der K3 zum Beispiel in der DRM Ende der 70er-, Anfang der 80er-Jahre oft den größten Anteil am Renngeschehen hatte.

Nach dem frühen Ausscheiden beim 24-Stunden-Rennen in Le Mans 1981 wurde der 935 K3/81 in derselben Saison noch bei sieben Rennen von Louis Krages alias »John Winter« in der DRM eingesetzt. Ein dritter Platz beim ADAC GP der Tourenwagen war die beste Platzierung und eine für ein privat eingesetztes Fahrzeug ein durchaus respektables Ergebnis.
Im Folgejahr startete der K3/81 beim 1000-Kilometer-Rennen in Monza. Rolf Stommelen und Ted Field, der den Wagen ja schon im Vorjahr in Le Mans pilotiert hatte, fuhren auf dem zweiten Gesamtplatz ins Ziel und zeigten damit die Qualität des Fahrzeugs auf. Kremer gab dem Auto noch einmal die Chance, sich in Le Mans zu bewähren. Zusammen mit zwei mexikanischen Rennfahrern mietete sich Edgar Dören, dessen Porsche 935 ein paar Wochen vor dem Start in einen Unfall verwickelt gewesen war, den Rennwagen in Köln an. Leider war auch der zweite Versuch, in Le Mans ins Ziel zu kommen, nicht von Erfolg gekrönt. Nach drei Stunden fiel der Wagen mit einem technischen Defekt aus.
Schließlich lagerte man 935 K3/81 ein und lieh diesen in den 1990er-Jahren an ein Automuseum aus. Ein eher unwürdiger Platz für einen so potenten Rennwagen. So kam das Rennauto in den späten 1990er-Jahren in die USA, wo es aufwendig und mit viel Liebe zum Original in seinen Ur-Zustand versetzt wurde. Heute ist der Wagen wieder in Europa und fährt nun seit etlichen Jahren erneut bei historischen Rennen mit. Dabei sind die alle zwei Jahre stattfindenden Le Mans Classic ein fester Bestandteil im Leben des Kremer Porsche K3/81.

Valvoline
MICHELIN
LA MODA goji

RICHARD MILLE
24h LE MANS
AUTOMOBILE CLUB DE L'OUEST
EFG
GT2
6
42
24 HEURES DU MANS
Gr 5
GOODYEAR
BBS
2016
FUJIFILM
assistance chez
automobilzentrum-aachen.de
伊太利屋

GOODWOOD FESTIVAL OF SPEED
544
PRESENTED BY
J.MASS

24-STUNDEN-JAGD

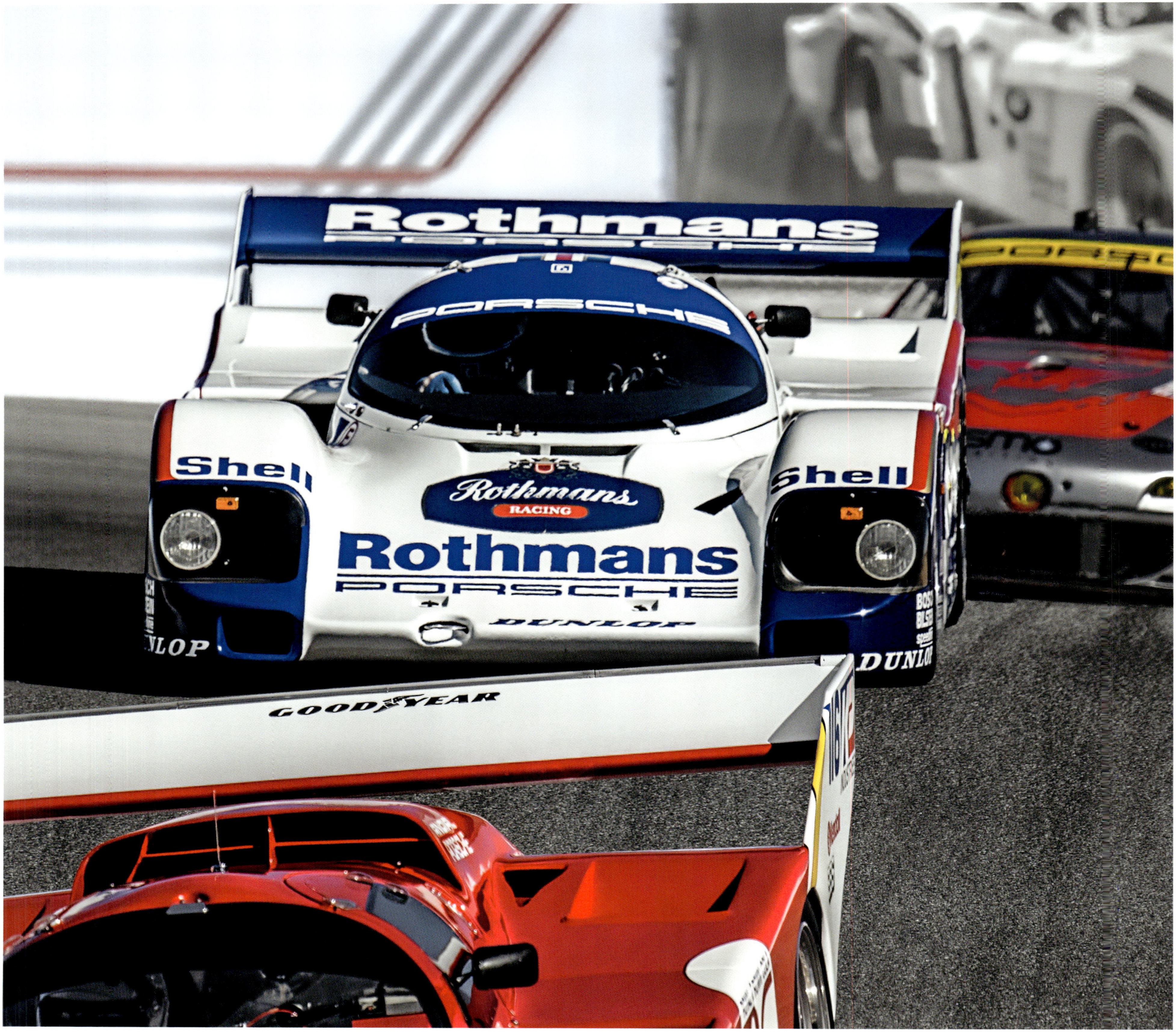
Rothmans
PORSCHE
PORSCHE
Shell
Shell
Rothmans
RACING
Rothmans
PORSCHE
DUNLOP
DUNLOP
GOODYEAR

‹‹‹‹‹‹ 24-STUNDEN-JAGD

In der Sportwagen-Weltmeisterschaft 1987 kam es zum großen Duell zwischen Jaguar und Porsche. Die Engländer wollten die Dominanz der Stuttgarter in der Gruppe C durchbrechen und hatten vor, bei den 24 Stunden von Le Mans das Rennen von Anfang an zu dominieren. In den bisherigen fünf Rennen zur Weltmeisterschaft holte Jaguar mit dem XJR-8 drei Siege und Porsche zwei. Nun stand der große Schlagabtausch beim 24-Stunden-Rennen von Le Mans an. Hierbei kam es zu einem Finale. Finale deshalb, da es für die Porsche-Werksmannschaft das letzte Rennen in der Sportwagen-WM sein sollte. Man zog sich in Zuffenhausen aus dem Wettbewerb offiziell zurück und richtete seine motorsportlichen Tätigkeiten für die mittelfristige Zukunft neu aus.
Nun ist Le Mans so oder so das wichtigste Rennen der Saison und Jaguar brachte gleich drei XJR-8 LM nach Frankreich, jeweils bestückt mit einem 6,9-Liter-Zwölfzylinder. Porsche lieferte ebenfalls drei Porsche 962 C und noch eine für Langstrecken optimierte Rennversion des Porsche 959, den für die IMSA-GTX-Serie gemeldeten Porsche 961, an die Rennstrecke. Vier Werksporsche gegen drei Jaguar, dazu noch weitere neun von verschiedenen Privatteams eingesetzte Porsche 962 C, das sollte doch genügen, um die Raubkatzen aus England zu bezwingen.

Doch für die Mannschaft von Porsche kam der erste Tiefschlag schon beim Training, als der Werksfahrer Price Cobb einen der Werks-962 bei Maison Blanche in die Leitplanken setzte und dabei den Wagen irreparabel zerstörte. Kurz nach dem Start des Rennens folgte dann der nächste Dämpfer. Die beiden vom Joest-Team gemeldeten Porsche fielen nacheinander aus. Dann ein Kremer-Porsche und ein weiterer Werks-Porsche 962 C mit Jochen Mass am Steuer. Hektisch und in aller Eile wurde nach der Ursache der vielen Ausfälle geforscht. Man fand den Grund dafür in den Kolben, in denen sich kleine Löcher gebildet hatten. Dies wiederum war vermutlich auf eine geringere Oktanzahl im verwendeten Benzin zurückzuführen. Die für die Motorsteuerung eingesetzten Chips wurden neu programmiert, an den verbliebenen Porsche ausgetauscht und das Problem damit behoben.

Der Porsche 962 C mit der Startnummer 17 lag in Führung bei der 55. Auflage des 24-Stunden-Klassikers. Das Steuer der Startnummer 17 teilten sich Hans Joachim Stuck, Al Holbert und Derek Bell. Alle drei sind erfahrene und erfolgreiche Langstreckenfahrer. Doch nach dem Chipwechsel waren sie nun die Gejagten. In der langen Nacht wechselte das Spiel und damit

»»»»»» 24-STUNDEN-JAGD

die Führung ständig. Der Gejagte wurde zum Jäger und der Jäger zum Gejagten. Kurz nach Mitternacht fiel ein Jaguar durch einen Unfall aus, was zu einer zwei Stunden anhaltenden Pace-Car-Phase führte. Runde um Runde ging es in den Morgen hinein. Gegen sieben Uhr ging die Sonne über der Rennstrecke auf und wärmte den Kurs. Für den 961 ein wenig zu viel Erwärmung, ging doch der vielversprechende Wagen nach einem Einschlag in die Leitplanken in Flammen auf.

Es waren nur ein paar hundert Meter Vorsprung, die der Porsche Nummer 17 vor seinem schnellen Jäger, der Raubkatze von Jaguar, hatte. Doch dann begannen im Laufe des frühen Vormittags auch bei den Briten die Probleme. Einer der Jäger aus England gab mit einer geplatzten Zylinderkopfdichtung auf und am verbliebenen Jaguar musste in der Box zeitraubend das Getriebe getauscht werden.

Damit war der Weg für den zwölften Gesamtsieg für Porsche mit dem Team Stuck, Bell und Holbert frei. Zugleich war es der sechste Gesamtsieg in Le Mans für einen 956/962 seit 1982. Diese außergewöhnlichen Porsche-Rennwagen haben in den 1980er-Jahren, genau wie die Porsche 917 Anfang der 1970er, so gut wie alles gewinnen können und gehören heute immer noch nicht zum alten Eisen. So wie auf dem Bild der Le Mans-Sieger von 1987 zu sehen ist, fahren immer noch mindestes ein Dutzend Porsche 962 weltweit in historischen Rennen mit. Dabei sind sie immer noch auf der Jagd nach Titeln, geben sich aber gerne bei Sammlern und Fotografen als die Gejagten aus.

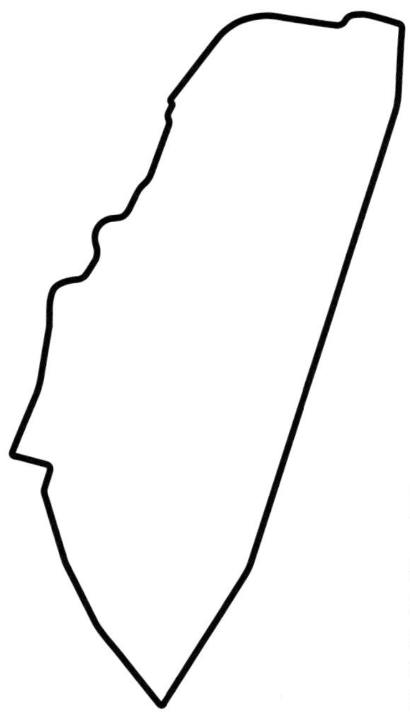

D338

Seit 1923 wird ein Mal im Jahr aus einer französischen Landstraße ein Teil einer der berühmtesten Rennstrecken der Welt. Die Strecke des 24-Stunden-Rennens von 1987 war 13,535 km lang. Damals hatte die lange Gerade »Hunaudières« (D338) noch keine Schikanen.

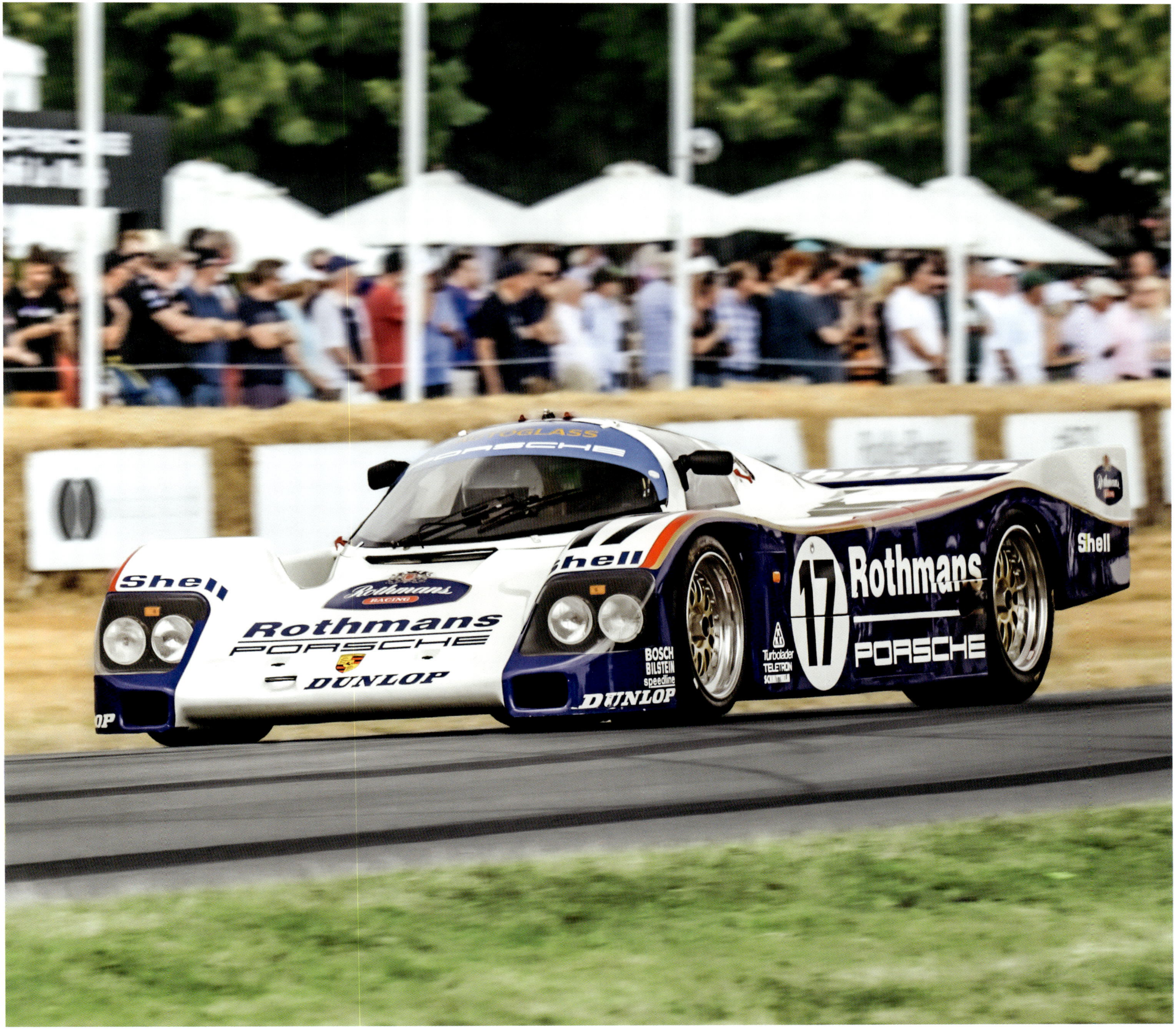
Shell
Rothmans
PORSCHE
DUNLOP
Shell
17
Rothmans
PORSCHE
BOSCH
BILSTEIN
speedline
Turbolader
TELETRON
DUNLOP
Shell

Shell
Rothmans
17
PORSCHE

AUTOGLASS
PORSCHE
D. BELL
Shell
Rothmans
RACING
Rothmans
PORSCHE
DUNLOP
BOSCH
BILSTEIN
speedline
DUNLOP

ÜBER DEN WOLKEN

Shell
olader

ÜBER DEN WOLKEN ›››››››

Es war kein Geringerer als der belgische Rennfahrer Jacky Ickx, der Porsche dazu bewegte, an der Rallye Paris-Dakar teilzunehmen. Doch zuerst stellte sich für den Sportwagenhersteller die Frage, mit welchem Fahrzeug man an den Start dieses motorsportlichen Großereignisses gehen sollte, das von Paris aus einmal quer durch die Sahara bis nach Dakar, die Hauptstadt des Senegal, führen sollte.

In der Automobilbranche war Anfang der 1980er-Jahre ein Umbruch zu immer leistungsstärkeren und technologisch aufwendigeren Fahrzeugen zu erkennen. Bei Porsche hatte man mit dem aktuellen Erfolgsmodell, dem 911, fast schon alles erreicht und suchte nach neuen Herausforderungen. So entstand unter den Bedingungen der FIA-Regeln für die Gruppe B das Projekt Porsche 959. Ein Auto, das seiner Zeit weit voraus war. Der 959 sollte als innovativer Technologieträger die Marke Porsche auf Jahre hinaus zu dem Sportwagenhersteller schlechthin machen.
Eine der vielen modernen technischen Komponenten, die der Porsche 959 bekommen sollte, war der völlig neu entwickelte Allradantrieb. Hierfür begab sich Porsche auf Neuland, auch wenn es tief in der Historie als Konstruktionsbüro Beispiele für die Planung eines allradgetriebenen Fahrzeugs gibt. Einer der Vorläufer des allradgetriebenen 959 stellte der im Jahr 1984 aufgebaute Porsche 911 4x4 dar, der erstmals bei der Paris-Dakar zum Einsatz kam. Dieser mit der internen Modellbezeichnung 953 bekannte Wagen verfügte noch nicht über ein serienreifes Allradsystem wie es später im 959 verwendet werden sollte. Drei Exemplare des 953 wurden gebaut, alle drei gingen 1984 bei der Wüsten-Rallye an den Start. Die Zuffenhausener gewannen die Rallye sensationell mit dem Renn- und Rallyefahrer René Metge am Steuer und Dominique Lemoyne als Beifahrer. Für Porsche war das ein weiterer wichtiger Schritt in der Entwicklung des 959 und ein großer Ansporn für das Werk, um die Prototypen des Technologieträgers auf die Reise durch 14.000 Kilometer Staub und Sand in Nordafrika zu schicken.

Das Rennen für die 959er-Prototypen sollte schon im folgenden Jahr beginnen. Das äußere Erscheinungsbild und viele technische Details waren bereits sehr nahe am Serienmodell des 959. Nur die Motorentwicklung war noch nicht so weit fortgeschritten und man vertraute lieber auf den Antrieb des Vorjahressiegers. Dieses Mal sollte die Rallye Porsche aber kein Glück bringen. Alle drei Fahrzeuge fielen im Lauf der Rallye aus.
Unterdessen wurde in Stuttgart das Projekt 959 stetig weiterentwickelt und 1986 hatte Porsche drei komplette Porsche 959, die bis auf die Fahrwerks-Technik weitgehend der Serie entsprachen, für die Rallye fertig aufgebaut. Manche Einstellung musste aber den Gegebenheiten der Wüste angepasst werden. Der in Afrika angebotene Sprit entsprach nicht den hohen Anforderungen des heimischen Benzins. So wurde der Ladedruck

MICHELIN
185
Rothmans
PORSCHE
Shell
MICHELIN

Rothmans

‹‹‹‹‹‹ ÜBER DEN WOLKEN

der Turbos reduziert und die Motorelektrik überarbeitet. Statt mit 450 PS ging es nun mit 400 PS über Stock, Sand und Stein. Das Fahrwerk verstärkte man an verschiedenen Stellen und der Wagen hatte für die unebenen Pisten eine deutlich größere Bodenfreiheit. Während ein serienmäßiger Porsche 959 schon einmal mit 317 km/h auf den Straßen unterwegs ist, mussten 217 km/h für die Rallye-Version genügen. Und das reichte auf jeden Fall. Noch nie war ein Auto schneller in der Wüste unterwegs als die 959er.

Im Ziel reichte es für Porsche zu einem phänomenalen Doppelsieg. Dabei siegten René Metge und sein Co-Pilot Dominique Lemoyne vor den beiden Teamkollegen Jacky Ickx und dessen Beifahrer Claude Brasseur. Bemerkenswert ist der Einsatz des dritten 959 auf der Paris-Dakar. Dieser Wagen wurde als Service- und Ersatzteilwagen eingesetzt. Am Steuer Roland Kussmaul, der das Projekt von Anfang an begleitet hatte. Trotz deutlich mehr Gewicht an Bord wurde der dritte Porsche 959 immer noch sechster in der Gesamtwertung!
Der Sieg bei der Paris-Dakar war ein deutliches Zeichen für die Qualität und die Zuverlässigkeit des Porsche 959. Noch im gleichen Jahr wurden die ersten Serienfahrzeuge an Kunden ausgeliefert und führten damit den Namen Porsche in ein neues Zeitalter der Sportwagenproduktion. Ein Überflieger, mit dem einst René Metge über die Dünen der Wüste geflogen war. Beim Festival of Speed in Goodwood 2018 ist der Porsche 959 Paris-Dakar einer der Überflieger auf der Porsche-Stahlskulptur. Bereit, um in eine neue Dimension abzuheben.

FEUER-KUNSTWERK

Dem Designer und Künstler Gerry Judah fällt Jahr für Jahr beim Festival of Speed die Ehre zu, eine das Automobil feiernde Skulptur zu gestalten. Porsche und seine Sportwagen standen im Jubiläumsjahr 2018 auf dem Plan. Dazu entwickelte der in London lebende Künstler eine 52 Meter hohe Konstruktion, die vor dem Wohnsitz von Charles Gordon-Lennox, 11. Duke of Richmond, aufgestellt wurde. Kurz vor der Spitze splitteten sich sechs waagrecht angebrachte Strahlen ab, an deren Enden sich Ikonen der Porsche-Geschichte befanden. Ein Kunstwerk wie ein Feuerwerk. Ein Feuerwerk für Porsche.

HOT RACE

HOT RACE ›››››››

Nachdem Porsche mit dem 959 schon bei der Paris-Dakar erfolgreich mitgefahren war, sollte der Ableger 961 auf den Rundstrecken diesen Erfolg weiterführen. Unter der technischen Leitung des Porsche-Ingenieurs Roland Kussmaul wurde der 961 aufgebaut. Wie so oft in der Geschichte der Schwaben, bediente man sich dabei als Grundlage eines Wagens aus der gerade (zuerst) angelegten kleinen Baureihe von 200 Exemplaren des Porsche 959. Der Wagen mit der Fahrgestellnummer 10016 sollte der Glückliche sein, der die Rennstrecken dieser Welt für sich erobern würde. Da der Porsche 959 einen permanenten Allradantrieb hatte, galt es zuerst einmal, eine passende Rennserie für die Rennversion 961 zu finden. Für die beiden Auftritte des Porsche 961 1986 und 1987 in Le Mans durfte der Wagen in der IMSA-GTX-Klasse antreten.

Der Aufbau des Rennwagens war nah am Serienmodell angelehnt. Die neue Klassifizierung in der IMSA-GTX sollte aber einiges an Änderungen zulassen. Da es im Gegensatz zu anderen Porsche-Rennmodellen wie dem 934 oder dem 935 praktisch keine Vorgänger für den 961 gab, wurde dieser von Grund auf neu aufgebaut. Sämtliche Karosserieteile entstanden aus Glasfaser oder Verbundwerkstoffen. Auch das Dach, das beim 959 aus Stahl besteht, wurde beim 961 zugunsten der Gewichtsreduktion aus Verbundwerkstoffen hergestellt. Breitere Kotflügel waren notwendig, um die wesentlich größeren Rennreifen unterzubringen. Der im Porsche 959 in die Karosserie integrierte Heckflügel wurde im Windkanal des Entwicklungszentrums Weissach optimiert, um die Fahrstabilität des Rennwagens zu verbessern. Damit das Auto abnahmefähig wurde, mussten am Triebwerk noch grundlegende Umbauarbeiten durchgeführt werden, damit die FIA ihren Stempel unter die Dokumente setzen konnte. So wurde der Porsche 961 im Mai 1986 zu seinen ersten Testfahrten im Vortraining nach Le Mans gebracht. Mithilfe einer komplett neuen Auspuffanlage und Optimierungen der Motronic sowie Erhöhung des Ladedrucks erreichte der 961 nun 640 PS, gegenüber dem Serienfahrzeug eine Leistungssteigerung von 190 PS.

Mit dem 961 baute sich Porsche ein absolutes Unikat, das gleich bei seinem ersten Einsatz 1986 bei den 24 Stunden von Le Mans erfolgreich sein sollte. Mit dem siebten Platz in der Gesamtwertung hatte kaum einer gerechnet und das bei der starken Konkurrenz der Gruppe-C-Prototypen. Als einziges Fahrzeug in

AUTOGLASS
PORSCHE
203
Rothmans
RACING
Rothmans
PORSCHE
DUNLOP
DUNLOP

Rothmans
RACING
Rothma
PORSCH
DUNLOP

AUTOGLASS
PORSCHE
BILSTEIN
Shell
BOSCH
PORSCHE
DUNLOP
AVON

AUTO
PORS
Rothmans
PORSCHE
DUNLOP
BBS

HOT RACE «««««

der IMSA-GTX-Klasse wurde der 961 auch Klassensieger beim Rennen in dem beschaulichen Städtchen an der Sarthe.

Selbst Jahre nach seinem ersten Auftritt 1987 mit dem Porsche 961 bei den 24 Stunden von Le Mans ist der niederländische Rennfahrer Kees Nierop immer noch niedergeschlagen. Für ihn war es der erste Einsatz bei diesem legendären Rennen und eigentlich sollte er mit einem Porsche 962 PDK an den Start gehen. Ein folgenschwerer Trainingsunfall machte das auf diesem Wagen allerdings unmöglich. Porsche buchte Nierop um und setzte ihn auf die Starterliste zusammen mit René Metge und Claude Haldi auf den Porsche 961.
Für das Einzelstück sollte es der zweite Anlauf 1987 im 24-Stunden-Rennen richten. Im Vorjahr war der Wagen noch ganz in Weiß lackiert angetreten. Nun, zwölf Monate später, kam der 961 im schicken Design des Porsche-Hauptsponsors Rothmans daher. Der Wagen galt als einer der stärksten im Feld, doch gegen seine Porsche-Brüder 962 hatte der 961 auf den langen Geraden aufgrund seiner schlechteren Aerodynamik keine Chance. Kees Nierop kannte den Wagen, war kurz zuvor schon mit dem 961 beim Drei-Stunden-Rennen von Daytona unterwegs gewesen. Im Rennen lief es auch ganz ordentlich für den Porsche 961. Am frühen Sonntagmorgen lag das Team auf Platz elf in der Gesamtwertung und man war auf dem Weg, in die Top Ten zu fahren. Im Laufe des Vormittages übernahm Kees Nierop das Auto. Bei der Anfahrt zur Indianapolis-Kurve wollte er vom sechsten in den vierten Gang zurückschalten. Doch dabei unterlief ihm ein folgenschwerer Fehler: Er schaltete aus Versehen in den zweiten Gang, sofort blockierten die Hinterräder und Nierop konnte auch mit all seinem fahrerischen Können einen Dreher und einen Einschlag nicht mehr verhindern. Mit dem Heck voran krachte er zuerst in die Leitplanken, um danach noch einmal das Ganze mit der Front zu wiederholen.

Der Holländer blieb so gut wie unverletzt und erkannte, dass der 961 noch fahrtüchtig war. Er versuchte langsam weiterzufahren, um mit dem havarierten Wagen noch in die Box zu kommen. Er sah aber nicht, dass die Karosserie in Fetzen vom Auto hing und Teile davon auch den Motor berührten. An der Box sah der Porsche-Rennleiter Peter Falk auf den Monitoren aber das drohende Unheil und wies Nierop per Funk an, den Wagen sofort abzustellen und sich aus dem Auto zu begeben. Erst jetzt

»»»»»» HOT RACE

bemerkte Nierop auf welch »heißem Stuhl« er gerade saß: Teile der aus GFK gefertigten Karosserie hatten auf den heißen Motorteilen Feuer gefangen und fast das ganze Heck stand bereits in Flammen, als er endlich draußen war. Der Porsche kam dabei auch noch an einer äußerst ungünstigen Stelle zum Stehen, denn es dauerte eine gefühlte Ewigkeit, bis der erste Feuerlöscher zur Stelle war. Zurück an der Box erklärte Nierop seinem Team das Missgeschick mit dem Gangwechsel und dass der 961 völlig zerstört sei. Für Jahre sollte Kees Nierop nicht mehr nach Le Mans fahren, so groß war seine Enttäuschung über seinen Auftritt dort.

Das Rennen 1987 sollte auch erst einmal das Ende für die kurze Renngeschichte des 961 bedeuten. Viel später baute Porsche den Solitär in einer langwierigen und aufwendigen Restaurierung von Grund auf wieder auf, sodass der Wagen heute wieder exakt so dasteht, wie im Rennen von 1987. Er ist fester Bestandteil des rollenden Museums von Porsche und fährt wieder auf den Rennstrecken zu Demonstrationszwecken mit. Dabei ist das Unikat stets einer der Publikumslieblinge und für Kees Nierop immer noch ein verdammt heißer Rennwagen.

Turbolader
Shell
DUNLOP
PORSCHE
DUNLOP
BOSCH

203
Rothmans
PORSCHE
DUNLOP

BLAUPUNKT
171
C1
Shell

CARRERA CUP

CARRERA CUP ›››››

Tag und Nacht saßen das Porsche-Urgestein Herbert Linge und Jost Capito in Weissach zusammen und tüftelten an der Ausarbeitung des Konzeptes für die Porsche-Cup-Saison 1990. Die Rennserie Porsche-Cup, die bereits drei Jahre erfolgreich mit dem Porsche 944 Turbo auf den Rundkursen im In- und Ausland unterwegs war, sollte noch professioneller und spektakulärer werden. Klares Ziel war es, den Zuschauern packendere Rennen zu liefern. Zunächst galt es für die beiden Organisatoren, das Reglement auf ein völlig neues Rennauto, den Porsche 964, umzuschreiben. Dabei ahnten Linge und Capito nicht im Geringsten, wie erfolgreich der neue Porsche Carrera Cup, den die beiden planten, werden sollte.

Schon allein die Resonanz der zahlreichen Teams, die mit dem 944 Turbo in den letzten Jahren angetreten waren, war überwältigend, als sie mitbekamen, dass mit einem 911er Cup-Rennen stattfinden sollten. Kaum war die Ausschreibung fertig, schon gab es keine Startplätze mehr. Die 50 Exemplare des Porsche 964 Carrera Cup, die für die erste Saison produziert wurden, fanden reißenden Absatz.

Als Basis für den Cup-Renner wurde der serienmäßig hergestellte 964 genommen. Dabei hob man die Motorleistung von 250 auf 265 PS an, die der 3,6-Liter-Boxermotor bei 6100 U/min entwickelte. Für den Motorsport wurde ein Überrollkäfig eingebaut und der heckangetriebene Wagen bekam ein auf Rennen abgestimmtes Fahrwerk, das für eine Tieferlegung um 55 mm gegenüber der Serie sorgte. Die Stoßdämpfer konnten von den Teams je nach Rennstrecke individuell eingestellt werden. Das Getriebe wurde für den Rennbetrieb ausgelegt und die Lenkung ohne Servounterstützung war wesentlich direkter als in den Serienmodellen. Um Gewicht zu sparen, verzichtete man auf das komplette Dämmmaterial sowie auf den Beifahrersitz. Der 964 Carrera Cup wurde serienmäßig mit einem Katalysator und Antiblockiersystem ausgeliefert.
Zu den ersten Kunden zählten unter anderem Rennteams wie Max Moritz und Strähle Motorsport. Fahrer wie Roland Asch, Olaf Manthey oder Bernd Schneider gehörten zu den Größen, die im Cup starteten. Zehn Meisterschaftsläufe wurden in der ersten Saison des Porsche Carrera Cups 1990 ausgetragen. Davon einer im belgischen Zolder, die restlichen auf dem Nürburgring,

HSR
HISTORIC SPORTSCAR RACING, LTD.
BLAUPUNKT
LUK
17
STRÄHLE
autosport
Shell mit M2000.
LONGINES
C1
LUK
PIRELLI
LUK

››››››› CARRERA CUP

der Avus, Nordschleife, dem Norisring, auf dem Flugplatz in Diepholz und dem Hockenheimring. Die Wertungsläufe fanden meist im Rahmenprogramm der DTM (Deutsche Tourenwagen-Meisterschaft) statt. Schnell entwickelte sich der 964 Cup zu einem Publikumsliebling, waren doch die Rennen mit nahezu identischen Porsche vom Start bis zur letzten Runde spannende und kampfbetonte Rennen, wie sie damals sonst in kaum einer anderen Serie zu sehen waren. Die Porsche AG hatte eigene Autos im Rennen, in denen prominente Gaststarter am Lenkrad saßen. Darunter waren einige Fahrer, die später im Formel-Sport Karriere machen sollten.

Olaf Manthey beendete als Gesamtsieger die erste Carrera-Cup-Saison. Für Manthey ein wichtiger Erfolg, sollte er doch später mit seinem Rennstall Manthey Racing ein bedeutender Partner für den Porsche-Motorsport werden. Dicht auf seinen Fersen war der Porsche-944-Cup-Gewinner Roland Asch aus Ammerbuch bei Tübingen. Asch dominierte den 944-Cup, kam aber auch mit dem Porsche 964 gut zurecht. Drei der zehn Rennen konnte Asch für sich verbuchen. Sein Porsche 964 Cup-Auto ist ein besonders schönes Exemplar, welches in der Farbe Sternrubin ausgeliefert wurde. Strähle Motorsport betreute das Auto mit der Chassis-Nummer WPO ZZZ 96ZLS 409011. Heute befinden sich viele der damaligen Cup-Autos in privaten Sammlungen rund um die Welt verstreut. Auch dieser sternrubinfarbene 964 gehört einem passionierten Sammler. Manchmal darf der Wagen wieder auf eine Rennstrecke wie hier in Laguna Seca oder in Daytona. Dort trifft das Auto auf viele Porsche-Rennwagen, jedoch selten auf einen weiteren 964 Cup. Es wäre mal wieder Zeit für ein Revival der alten Rivalen auf einer Rennstrecke.

ZEITLOS SCHNELL
Niki Leutwiler, ein Motorsportler aus der Schweiz, fuhr unter anderem den zeitlos schönen Porsche 964 mit der Startnummer 17. Als Autogrammkarte verteilte er diesen Aufkleber aus dem Jahr 1990.

BLAUPUNKT
STRÄHLE autosport
STRÄHLE autosport
Shell mit M2000
LONGINES
C1
LUK
PIRELLI
LUK
emitec
PIRELLI
BOSCH
BILSTEIN
17
Carrera Cup
LONGINES
TIMES THE WINNER
RECARO
BLAUPUNKT
Shell

CORKSCREW
Robert Ames
Alan Benjamin
RECARO
LUK
LONGINES
TIMES THE WINNER
171
PORSCHE
Carrera Cup
Shell
BLAUPUNKT

STRÄHLE autosport
Emitec
PIRELLI
BOSCH
BILSTEIN
SHOCK ABSORBERS

SPYDER-MAN

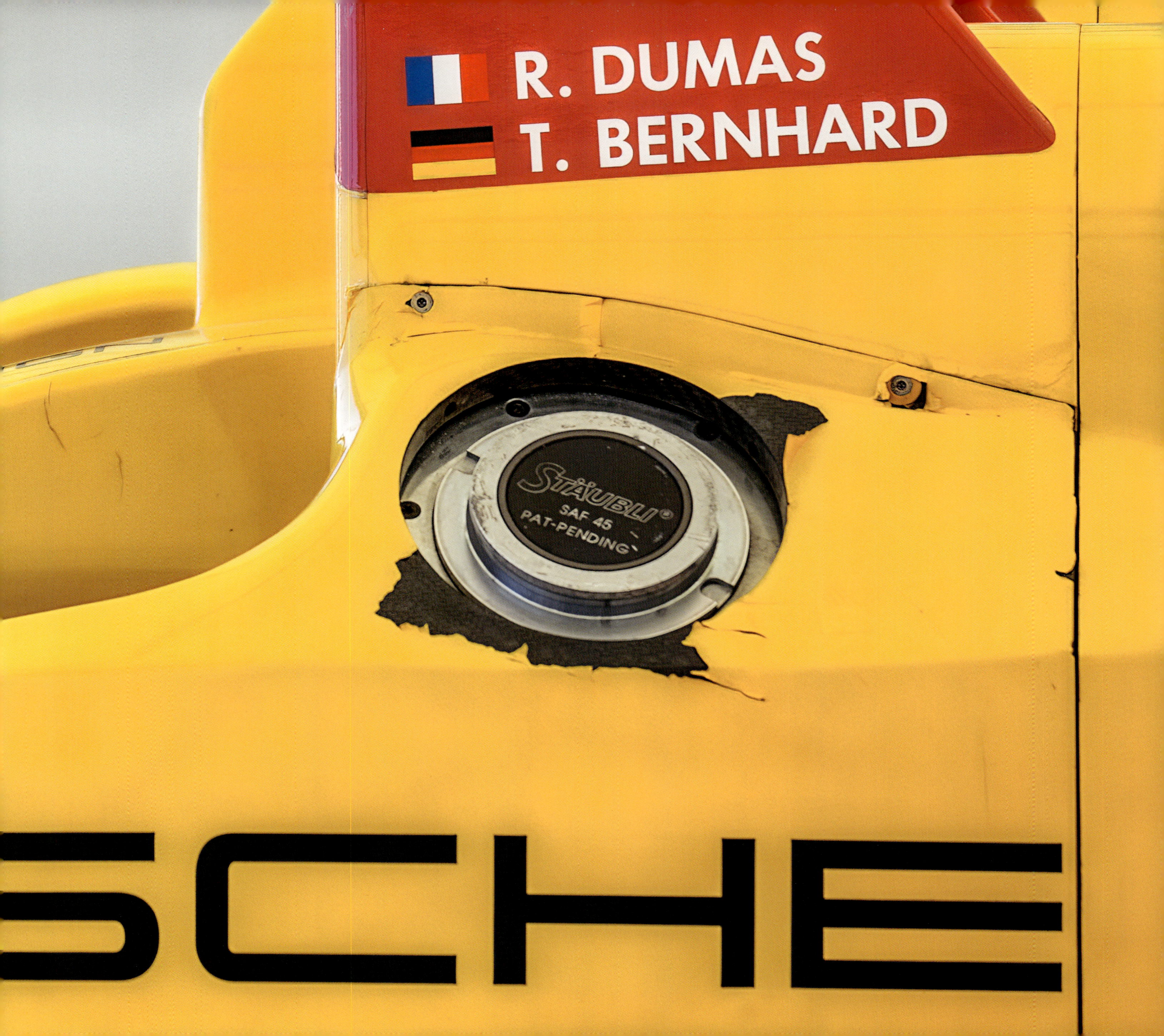
R. DUMAS
T. BERNHARD
STÄUBLI®
SAF 45
PAT-PENDING
SCHE

RS Spyder
5
P2

‹‹‹‹‹‹ SPYDER-MAN

Anfang 1953 stellte Porsche mit dem 550 Spyder 1500 einen Sportwagen vor, der in der Folge bei zahlreichen Rennen wie der Targa Florio oder der Carrera Panamericana erfolgreich sein sollte. Die Liste der von Porsche eingesetzten Spyder-Varianten im Motorsport ist lang und die unzähligen Erfolge, die Porsche mit ihnen einfahren konnte, noch viel länger. Mit dem Sieg beim 24-Stunden-Rennen von Le Mans im Jahr 1997 auf dem Joest TWR-Porsche WSC-95 Spyder war der vorerst letzte Höhepunkt in der Porsche-Spyder-Rennwagen-Historie erreicht.
Knapp zehn Jahre später stellte Porsche mit dem RS Spyder einen weiteren offenen Rennwagen für den Einsatz in der LMP2-Klasse vor. Mit der internen Bezeichnung 9R6 wurde der Wagen nach dem Reglement der FIA-LMP2 komplett neu aufgebaut. Starten sollte der RS Spyder unter anderem in der American Le Mans Serie (ALMS), die den Teams die Möglichkeit bietet, neben dem legendären 24-Stunden-Rennen von Le Mans eine komplette Rennserie mit den Rennsportwagen zu bestreiten. Das Reglement der ALMS ist dabei stark an das des französischen Langstreckenklassikers angelehnt. Zur selben Zeit starten zwei Prototypen-Klassen, die LMP1 und die LMP2 sowie weitere zwei GT-Klassen in einem Rennen. Somit ist die Rennserie mit vier verschiedenen Rennklassen für Zuschauer äußerst attraktiv, sind es doch sehr unterschiedliche Rennwagen, die in einem Rennen zusammen viele spannende Überholmanöver garantieren.

SPYDER-MAN ›››››

Porsche startete 2006 mit zwei RS Spyder in der Rennserie ALMS. Mit dem erfahrenen Team Penske Motorsport hatte man genau den richtigen Partner für die erste Saison mit dem neuen RS Spyder gefunden. Porsche und Penske machten ihre Sache gut und gewannen sieben von zehn Rennen in der Premierensaison und damit die Meisterschaft in der LMP2-Klasse. Diesen Erfolg nahm das Team Penske Racing mit in die folgende Saison und steigerte dabei noch seine Erfolgsquote. Mit elf von zwölf gewonnenen Rennen dominierte das Team Penske mit dem Porsche RS Spyder auch 2007 die LMP2 und im Jahr 2008 genügten fünf Siege in elf Rennen zum Gewinn des Titels. Ein ganz wertvoller Sieg für das Penske-Team und Porsche war in diesen erfolgreichen drei Jahren dabei der Sieg im ersten Rennen der Saison 2008.

Die 56. Auflage eines Rennklassikers, das 12-Stunden-Rennen von Sebring 2008, stand auf dem Programm. Und es sollte ein Rennen werden, das an Spannung und Dramatik kaum zu überbieten war. Knapp 150.000 Zuschauer säumten den 5,955 km langen Rundkurs auf einem Flughafen im Herzen des sonnigen Floridas. Die Zuschauer erlebten zwölf Stunden lang einen packenden Wettkampf mit fast allen Höhen und Tiefen, die der Motorsport bieten kann. Das Audi-Team, das mit dem R10 TDI die LMP1-Klasse dominierte, startete von der Pole-Position. Audis stärkster Konkurrent Peugeot fuhr mit seinem 908 HDI-FAP, ebenfalls LMP1, die schnellste Runde im Rennen und doch siegte nach 351 Runden und einer Durchschnittsgeschwindigkeit von 172,771 km/h ein Team aus der LMP2: Penske mit seinem Porsche Spyder.

Vom Start an ging der Peugeot in Führung, hatte aber im Laufe des Rennens mit technischen Problemen zu kämpfen. Auch bei den Ingolstädtern lief es nicht rund, doch trotz diverser außerplanmäßiger Boxenstopps lagen die beiden Audi nach der Hälfte des Rennens in Führung. Die Probleme wurden dort aber nicht kleiner, sondern fingen erst richtig an. Dagegen spulte man bei Porsche Runde für Runde das gut einstudierte Programm ab. Dank einer konstanten Leistung über die gesamte Renndistanz und einer besseren Strategie, setzten sich die in Weissach entwickelten und gebauten Sportprototypen der LMP2 gegen die nahezu 300 PS stärkeren LMP1-Wagen durch. Bis zur letzten Runde wurde um den Sieg in Sebring gekämpft. Erst zum zweiten Mal überhaupt in der langen Geschichte Sebrings waren die drei Erstplatzierten in der letzten Runde gleichauf. Das Penske-Team mit seinen Fahrern Timo Bernhard, Romain Dumas und Emmanuel Collard konnte es kaum glauben, dass sie am Ende die stärkeren LMP1 auf der Strecke hatten besiegen können. Ein historischer Sieg auf einer der ältesten Rennstrecken der USA sowie eine weitere Erfolgsstory in der Geschichte der Porsche Spyder.

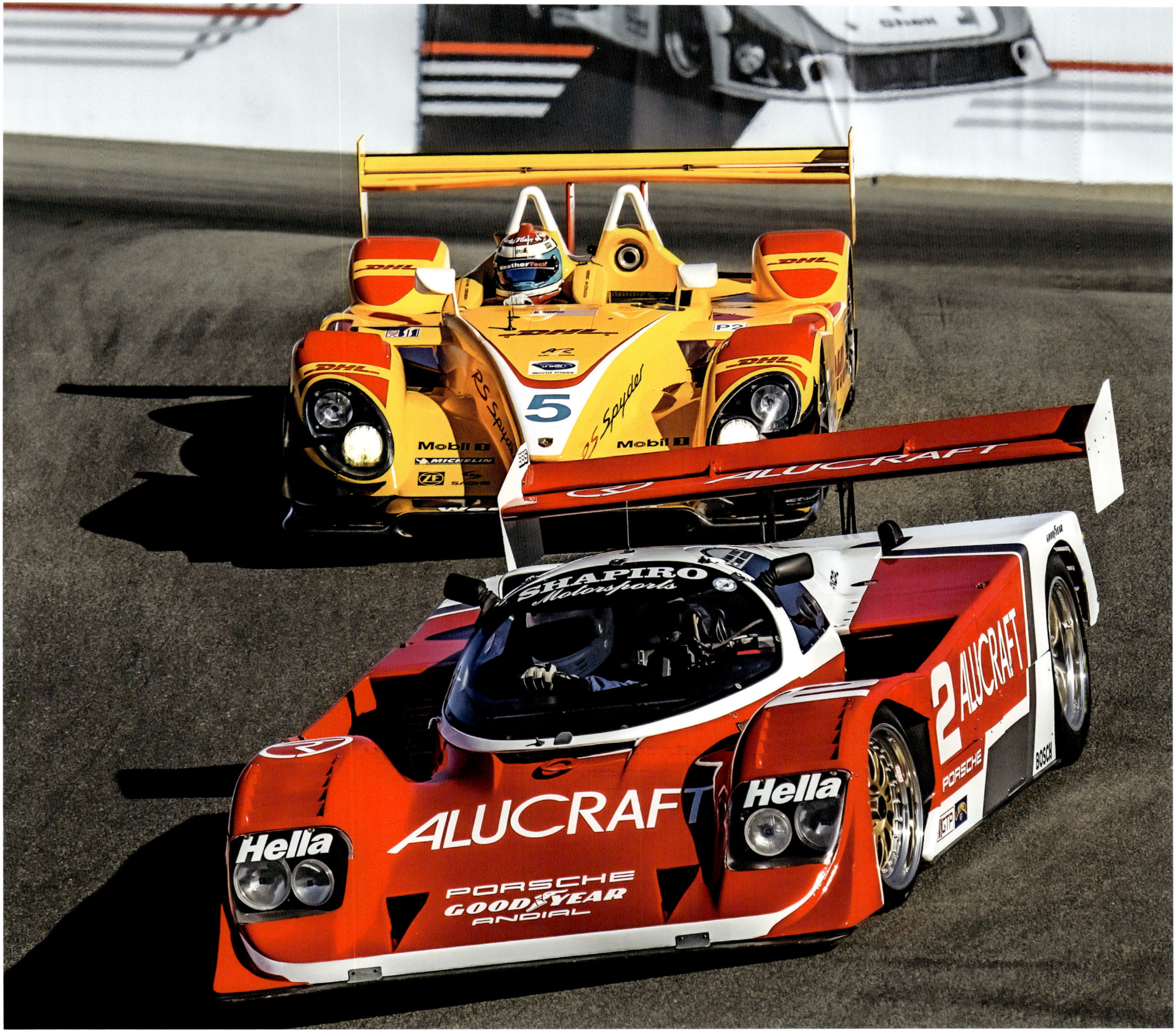
SHAPIRO
Motorsports
ALUCRAFT
2 ALUCRAFT
Hella
Hella
PORSCHE
GOODYEAR
ANDIAL
PORSCHE
BOSCH
ALUCRAFT
5
RS Spyder
RS Spyder
DHL
DHL
DHL
Mobil 1
Mobil 1

DHL
RS Spyder
7
P2
Mobil 1
MICHELIN
SACHS

LE MANS X 3

PORSCHE
DMG MORI
CHOPARD
adidas
Mobil 1
19
PORSCHE
INTELLIGENT
PERFORMANCE

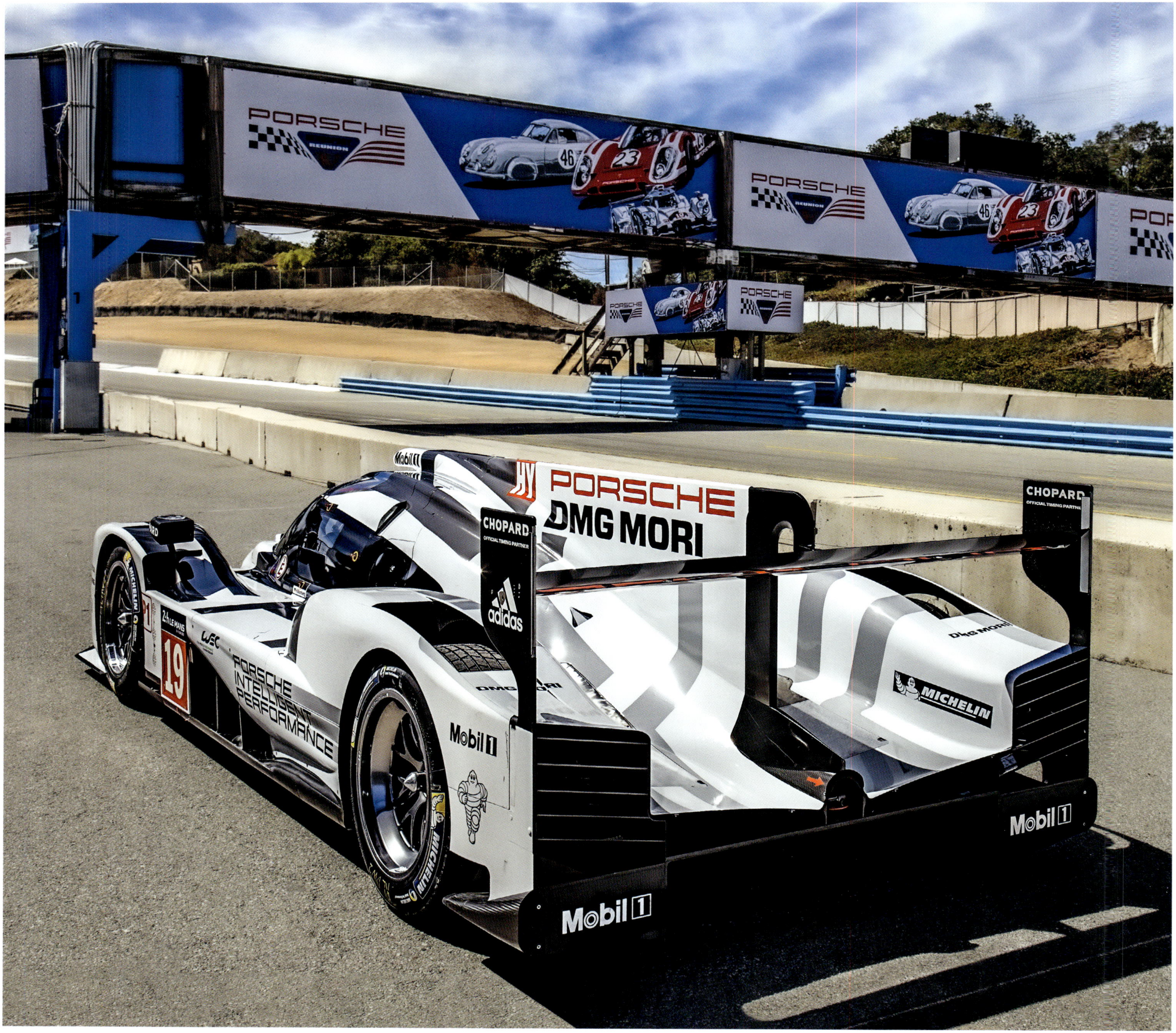
PORSCHE
REUNION
PORSCHE
DMG MORI
CHOPARD
OFFICIAL TIMING PARTNER
adidas
PORSCHE INTELLIGENT PERFORMANCE
19
Mobil 1
MICHELIN

LE MANS X 3 ‹‹‹‹‹‹

Es war wieder einmal an der Zeit für Porsche. Zeit, um 2014 mit einem eigenen Werksteam beim 24-Stunden-Rennen von Le Mans an den Start zu gehen. Der letzte Gesamtsieg für die Zuffenhausener lag damals bereits ganze 16 Jahre zurück. Mit dem Supersportwagen 911 GT1 hatte Porsche im Jahr 1996 den 16. Gesamtsieg im 24-Stunden-Rennen an der Sarthe eingefahren und nun sollte endlich ein weiterer dazukommen.

Die Weichen dazu stellte Porsche schon 2011, als man offiziell verkündete, einen neuen Rennwagen auch für den Einsatz in Le Mans entwickeln zu wollen. Ganz oben im Lastenheft stand dabei die Entwicklung eines neuen Hybrid-Antriebs. Das Auto sollte in der LMP1-Klasse in der Markenweltmeisterschaft an den Start gehen.
Unter den Vorgaben der LMP1 entwickelte Porsche einen völlig neuen 2-Liter-Vierzylinder-Turbo-Motor, der mithilfe eines ausgeklügelten Systems zur Energie-Rückgewinnung über den Abgasstrom und das Bremssystem für den notwendigen Vortrieb sorgen sollte. Zusammen mit einer konsequenten Leichtbauweise in so gut wie allen Bauteilen des Rennwagens, bis hin zu den bei Porsche schon in den 1970er-Jahren bewährten Magnesium-Felgen, zeigt man wieder einmal all seine Erfahrung in der Entwicklung und dem Aufbau von konkurrenzfähigen Rennwagen. Kaum ein Teil am Fahrzeug ist nicht neu konstruiert und aufwendig getestet worden.

Zu seinem ersten Renneinsatz kam der Porsche 919 Hybrid bei den 24 Stunden von Le Mans im Jahr 2014. Auf Anhieb erreichte das junge, neu aufgestellte Werksteam einen guten 11. Platz in der Gesamtwertung. Ein Erfolg für Porsche, doch erkannte man im Rennen, dass man noch deutliche Verbesserungen vornehmen musste, um erfolgreich vorne mitfahren zu können. Die Erkenntnisse aus dem ersten Le Mans-Einsatz flossen direkt in die Weiterentwicklung des Fahrzeugs ein. Mit Erfolg! Im letzten Rennen der Sportwagen-Weltmeisterschaft (WEC) 2014 holte Porsche den Sieg in São Paulo. Ein Sieg, dem weitere in der WEC folgen sollten. Dazu kamen drei Gesamtsiege in Folge beim wichtigsten Rennen der Saison, dem 24-Stunden-Rennen von Le Mans in den Jahren 2015, 2016 und 2017.

Den ersten der drei Gesamtsiege und damit auch den 17. Gesamtsieg in Le Mans fuhr Porsche 2015 nach Hause. Schon im Training dominierte die Werksmannschaft aus Zuffenhausen mit Bestzeiten auf der 13 880 Meter langen Strecke. Drei 919 Hybrid waren in diesem Jahr am Start und im Qualifying überboten sich die Piloten gegenseitig mit Bestzeiten. Zuerst jagte Timo Bernhard den 919 Hybrid mit neuer, schnellster Zeit um den Kurs und übergab das Steuer seinem Teamkollegen Neel Jani, der im Qualifying eine noch schnellere Runde hinlegte. Damit war das Team-interne Duell erst einmal geklärt, ohne die Konkurrenz auch nur zu berücksichtigen. Da die Plätze 1, 2 und 3

LE MANS X 3 ›››››

bereits von den Porsche 919 belegt waren, betrachteten die Mitbewerber Rang 4 gewissermaßen als ihre Pole-Position.

Vom Start weg entwickelte sich das Rennen zum Sprint rund um die Uhr. Kurz nach Beginn kam es in den ersten Runden zu schweren Unfällen, Infolge derer das Rennen wiederholt durch Safety-Car-Phasen unterbrochen wurde. Doch sobald das Safety-Car die Strecke wieder verlassen hatte, fing das Sprintrennen erneut an und brachte die Rennwagen an die Grenzen der Fahrdynamik. Die beiden Hauptgegner von Porsche waren Toyota und Vorjahressieger Audi. Beide konnten dem Speed und der Zuverlässigkeit der 919 nichts entgegensetzen. Die Porsche-Mannschaft machte ihre Sache gut und baute die Führung immer weiter aus. Mit einer Durchschnittsgeschwindigkeit von 249,2 km/h erreichte Neel Jani fast den bis dahin geltenden Streckenrekord, der von Hans-Joachim Stuck im Jahr 1985 mit 251,815 km/h aufgestellt worden war, damals gefahren auf einem Porsche 962. Dabei muss bedacht werden, dass die lange Hunaudières-Gerade 1985 noch keine Schikanen hatte und mit Vollgas gefahren werden konnte.
Der frühe Sonntagmorgen brachte dann die Entscheidung für Porsche. Die Werks-Audi hatten Pech und fielen geplagt von technischen Defekten zurück. Für einen der drei Porsche 919 Hybrid galt es nun, den Sieg heimzufahren. Das notwendige Glück spielte dem Team aus Zuffenhausen mit der Startnummer 19 in die Hände. Earl Bamber, Nick Tandy und Nico Hülkenberg fuhren als Erste durchs Ziel, gefolgt vom Porsche-Team Timo Bernhard, Brendon Hartley und Marc Webber auf Porsche 919. Ein Jahr später folgte der nächste Gesamtsieg mit dem 919 Hybrid in Le Mans und wiederum ein Jahr später konnte Porsche 2017 diesen Erfolg erneut wiederholen. Ein gelungenes Triple von und für Porsche und ein erneuter Beleg dafür, dass die Sportwagen aus dem Schwabenland in den Olymp des Motorsports gehören.

PORSCHE
DMG MORI
FIA WORLD ENDURANCE CHAMPIONSHIP
LE MANS
19
HY
P1
Mobil 1
MICHELIN
CHOPARD

CLUBSPORT RALLYE

CLUBSPORT RALLYE ›››››››

Nicht nur auf Rundkursen, auch auf vielen Rallyes hat Porsche beachtliche Erfolge verbuchen können. Zahlreiche Teilnahmen mit Modellen der Baureihen 911, 914 oder 924 starteten bei der Rallye Monte Carlo oder bei der Safari Rallye. Ein Highlight war dabei mit Sicherheit der Start bei der Wüstenrallye Paris-Dakar mit dem Doppelsieg mit dem Porsche 959 im Jahr 1986. Immer wieder versuchten sich Privatfahrer beim Rallyesport mit ihren Porsche. Nachdem 2011 die FIA das R-GT-Reglement eingeführt hatte, gab es auch für freie Teams die Möglichkeit, kostengünstig an Rallyes teilzunehmen.

Dieses Reglement nahm Porsche auf, um aus der aktuellen Modellpalette einen Rallye-Wagen aufzubauen. Nach dem Studium der Vorgaben der FIA fand man mit dem 718 Cayman GT4 Clubsport eine hervorragende Basis. Der mit einem Mittelmotor bestückte Sportwagen verfügt über ein ausgeprägt gutes Handling und eignet sich sowohl für Rundstrecken wie auch für den Rallyesport. Das Einzelstück, das Porsche für Demo-Zwecke aufbaute, stammt aus dem Modelljahrgang 2018. Für die geplante Kleinserie wollte man auf den Nachfolger, den 718 Cayman GT4 Clubsport, zurückgreifen. Die Studie verfügt über einen 3,8-Liter-Sechszylinder-Boxermotor mit PDK-Getriebe. Reifen, Räder und das Fahrwerk wurden für den Einsatz im Rallyesport optimiert. Das Coupé hat einen speziellen Unterbodenschutz für grobes Gelände. Im Besonderen wurde bei einzelnen Komponenten wie gewichtsreduzierenden Außenteilen und im Innenraum auf Nachhaltigkeit geachtet, indem man Biofaser-Verbundstoffe verwendete. Die Türen sind mit speziellem, energieabsorbierendem Schaumstoff verkleidet, der bei WRC-Autos verwendet wird. Mit einem Überrollbügel wurde die Festigkeit erhöht. Markant sind die vier zusätzlichen LED-Scheinwerfer, die auf der vorderen Haube montiert sind. Für eine bessere Belüftung ist auf dem Dach eine Hutze installiert.
Der Prototyp kam nur zu einem einzigen Einsatz. Im Rahmen der ADAC Rallye Deutschland 2018 steuerte Porsche-Werksfahrer Roman Dumas den Wagen als Vorausfahrzeug. Beim GP Ice Race 2019 in Zell am See in Österreich pilotierte Lokalmatador Richard Lietz den Demo-Wagen das erste Mal auf Eis und Schnee. Beide Male machte der Cayman eine sehr gute Figur. Auch die Resonanz von vielen Teams, Fahrern und Rallye-Veranstaltern war durchaus positiv, sodass Porsche von der Studie aus das Entwicklungsprogramm vorantrieb, um wie geplant mit den ersten Wagen in die Saison 2020 starten zu können.

Mitte 2019 nahm man bei Porsche das Projekt jedoch noch einmal unter die Lupe und entschied sich, nach einer erneuten Marktanalyse, das Rallyeprojekt nicht weiter fortzuführen. Der Grund hierfür war wohl zum einen der doch recht hohe Verkaufspreis von etwa 200.000 Euro sowie die wahrscheinlich zu hoch angesetzte Stückzahl von 150 bis 200 Einheiten, die hätten gebaut werden müssen, um das Projekt auch wirtschaftlich erfolgreich werden zu lassen.
Im Drift auf der Eis-Rennstrecke beim GP Ice Race sieht man, welch unglaubliches Potential im Porsche 718 Cayman GT4 Clubsport für den Rallye-Einsatz gesteckt hätte. Gerne hätten wir ihn noch ein wenig mehr studiert.

PORSCHE
ADAC RALLYE DEUTSCHLAND
VIP
MICHELIN
BB PW 9811

PORSCHE
MICHELIN
BB PW 9811
Mobil 1
S9

VIP
VIP
ADAC
70

DIE FARBEN DES ERFOLGS

70
1948
2018
PORSCHE

PORSCHE
PRO
PORSCHE
Mobil 1
MICHELIN
PORSCHE DESIGN
TIMEPIECES
Esso
Esso
PORSCHE
PORSCHE

Porsche Seeblau 329

BLAU-GOLD-ROT-WEISS

Die legendären Rothmans-Farben aus der Lackiererei Stahl in Monsheim.

ORO Goldmetallic Alfa 826 (einschichtig)

Porsche Indischrot 027

Porsche Grand-Prix-Weiss 908

DIE FARBEN DES ERFOLGS

Louis Rothmans, ein englischer Tabakhändler, der 1890 in der Londoner Fleet Street einen Laden für Rauchwaren eröffnete, ahnte nicht, dass sein Name knapp 100 Jahre später auf Rennwagen prangen sollte. Rothmans hatte das Automobil in seinen Anfängen erleben können und vielleicht in späteren Jahren noch den Beginn des Motorsports miterlebt. Seine Tabakfirma Rothmans aber sollte mit ihrem Namen dafür Jahrzehnte lang erfolgreich Rennsport-Geschichte mitschreiben.

Anfang der 1980er-Jahre unterstützte die damals schon weltbekannte Zigarettenmarke Rothmans zahlreiche Renn- und Rallyeautos, die rund um den Globus unterwegs waren. Eine sehr erfolgreiche Zeit war dabei die Kooperation von Rothmans und Porsche. Zahlreiche Marken-Weltmeisterschaften und viele Siege stehen auf der Erfolgsliste der beiden Weltfirmen. Begonnen hat das Sponsoring mit der Entwicklung des 956 für die Gruppe C, mit dem Porsche in der Markenweltmeisterschaft antreten wollte. Beim ersten Rollout des neuen Rennwagens im Entwicklungszentrum Weissach fuhr Rennfahrer und Entwicklungsingenieur Jürgen Barth noch mit einem komplett weißen Porsche 956 vor die Journalisten. In der offiziellen Pressemitteilung für die Gruppe C-Autos mit dem Teamnamen »Rothmans-Porsche« waren alle drei in der Sportwagen-Weltmeisterschaft eingesetzten 956 auch schon in den Rothmans-Hausfarben Blau, Gold, Rot und Weiß lackiert. Ein Design, das die Zuffenhausener Rennwagen über Jahre hinweg begleiten sollte.

DIE FARBEN DES ERFOLGS

Das erste Rennen der drei Porsche 956 im Jahre 1982 beim 24-Stunden-Rennen von Le Mans sollte gleich ein dreifacher Triumph für den schwäbischen Hersteller und seinen Partner werden. Auf den Plätzen eins, zwei und drei liefen die Rennwagen ins Ziel ein. Der Vorsprung war so groß, dass es für die Porsche noch in der letzen Runde reichte, sich vor der Ziellinie für ein Gruppenfoto zu formieren. Ein tolles Bild, das die Porsche in den Farben des Hauptsponsors Rothmans ablieferten.

Die Rothmans-Kolorierung zierte auch den Porsche 953, den der Sportwagen-Hersteller sprichwörtlich in die Wüste schickte. Mit dem Sieg des 953 bei der Rallye Paris-Dakar 1984 und dem Doppelsieg des Rallye-tauglichen 959 im Jahr 1986 krönte man die Zusammenarbeit zwischen Rothmans und Porsche im internationalen Rallyesport. In der Sportwagen-Weltmeisterschaft dominierten die Schwaben mit dem 956er und dessen Nachfolger, dem Porsche 962, die 1980er-Jahre und gewann vier Mal in Folge in den Jahren 1982 bis 1985 mit dem Werksteam Rothmans-Porsche den Titel in der Sportwagen-Weltmeisterschaft. Ein grandioser Erfolg für die beiden Teamplayer.

PORSCHE DESIGN
TIMEPIECES
TOTAL
91
PRO
Mobil 1

PORSCHE
PRO
PORSCHE DESIGN

DIE FARBEN DES ERFOLGS «««««

Das 70-jährige Jubiläum der Sportwagenmarke feierten die Stuttgarter 2018 mit weltweiten Paraden und Markentreffen. Dabei wurden auch der langen Geschichte und der Tradition von Porsche im Motorsport gedacht. Beim 24-Stunden-Rennen von Le Mans starteten zwei damals aktuelle Porsche 911 RSR und machten sich auf die Jagd nach einem Klassensieg. Fast wie 67 Jahre zuvor, als Porsche das erste Mal in Le Mans an den Start gegangen war und prompt den Klassensieg im 24-Stunden-Rennen nach Hause brachte.

Porsche überraschte mit der Lackierung der beiden 911 RSR. Mit der Startnummer 92 startete einer in der Lackierung des 1971 in Le Mans gefahrenen Porsche 917 im Design einer Sau. Der zweite 911 RSR mit der Startnummer 91 wurde als Huldigung der vielen Erfolge in den 1980er-Jahren mit dem Partner Rothmans in dessen Hausfarben lackiert. Schon vor dem Rennen gehörten beide Porsche zu den Publikumslieblingen.
Zusammen mit weiteren sechs Herstellern ging Porsche 2018 in das Rennen um den Sieg in der LM-GTE-Pro-Klasse. Nach einer spannenden und von vielen Positionswechseln geprägten Wettfahrt fuhr die rosafarbene Porsche-Sau nach 344 Runden als Klassensieger über die Ziellinie. Knapp dahinter der Rothmans-RSR. Ein weiterer Doppelerfolg für Porsche und der 106. Klassensieg sowie mit den beiden im Retro-Style lackierten Elfern eine schöne Hommage an die erfolgreichen Rennjahre in den 1970er- und 1980er-Jahren.
Man kann sich gut vorstellen wie sich Louis Rothmans, wäre er imstande gewesen die Erfolge seiner Tabak-Marke im Motorsport mitzuerleben, nach einem gewonnenen Rennen genüsslich eine Zigarrette angezündet hätte.

24h LE MANS
16-17 JUIN 2018
TOTAL
91
PRO
PORSCHE
PORSCHE
PORSCHE
PORSCHE
PORSCHE
PORSCHE

HAZET
PORSCHE
PORSCHE
PORSCHE
PORSCHE

DATENBANK

Seite 10 – 17

OTTO MATHÉ TYP MA-01

Baujahr: 1952
Motor: Vierzylinder-Boxermotor
Hubraum: 1,5 Liter
Leistung: 130 PS
Gewicht: 395 kg
Rennstrecke: Zell am See (AT)

Seite 18 – 23

PORSCHE TYP 550 SPYDER

Baujahr: 1954
Motor: Vierzylinder-Boxermotor
Hubraum: 1498 ccm
Leistung: 110 PS
Gewicht: 550 kg
Rennstrecke: Solitude (DE)

Seite 24 – 31

PORSCHE TYP 356 A 1600 GS

Baujahr: 1955
Motor: Vierzylinder-Boxermotor
Hubraum: 1582 ccm
Leistung: 170 PS (frisiert)
Gewicht: 750 kg
Rennstrecke: Le Mans (FR)

Seite 32 –39

PORSCHE TYP 550 SPYDER (M. MAY)

Baujahr: 1955
Motor: Vierzylinder-Boxermotor
Hubraum: 1498 ccm
Leistung: 110 PS
Gewicht: 550 kg
Rennstrecke: Zell am See (AT)

Seite 40 – 47

PORSCHE TYP 718 RS 60

Baujahr: 1959
Motor: Vierzylinder-Boxermotor
Hubraum: 1498 ccm
Leistung: 150 PS
Gewicht: 540 kg
Rennstrecke: Barcelona (ES)

Seite 48 – 57

PORSCHE TYP W-RS SPYDER

Baujahr: 1952
Motor: Achtzylinder-Boxermotor
Hubraum: 1981 ccm
Leistung: 210 PS
Gewicht: 670 kg
Rennstrecke: Rossfeld Berchtesgaden (DE)

Seite 58 – 65

PORSCHE TYP 804 – FORMEL 1

Baujahr: 1962
Motor: Achtzylinder-Boxermotor
Hubraum: 1494 ccm
Leistung: 180 PS
Gewicht: 455 kg
Rennstrecke: Goodwood (GB), Solitude (DE), Porsche Museum Stuttgart (DE)

Seite 66 – 75

PORSCHE TYP 906 CARRERA 6

Baujahr: 1966
Motor: Sechszylinder-Boxermotor
Hubraum: 1991 ccm
Leistung: 210 PS
Gewicht: 620 kg
Rennstrecke: Laguna Seca (USA)

Seite 76 – 83

PORSCHE TYP 908 LH

Baujahr: 1968
Motor: Sechszylinder-Boxermotor
Hubraum: 2997 ccm
Leistung: 310 PS
Gewicht: 650 kg
Rennstrecke: Laguna Seca (USA)

Seite 84 – 87

PORSCHE TYP 917 001

Baujahr: 1969
Motor: Zwölfzylinder-Boxermotor
Hubraum: 4494 ccm
Leistung: 560 PS
Gewicht: 800 kg
Standort: Porsche Museum, Stuttgart (DE)

Seite 88 – 95

PORSCHE TYP 908 / 03

Baujahr: 1970
Motor: Achtzylinder-Boxermotor
Hubraum: 2997 ccm
Leistung: 350 PS
Gewicht: 545 kg
Rennstrecke: Solitude (DE), Goodwood (GB)

Seite 96 – 105

PORSCHE TYP 917

Baujahr: 1970
Motor: Zwölfzylinder-Boxermotor
Hubraum: 5374 ccm
Leistung: 660 PS
Gewicht: 800 kg
Rennstrecke: Nürburgring (DE), Barcelona (ES), Monza (IT)

Seite 106 – 113

PORSCHE TYP 917 / 10-002

Baujahr: 1972
Motor: Zwölfzylinder-Boxermotor
Hubraum: 4494 ccm
Leistung: 850 PS
Gewicht: 750 kg
Rennstrecke: Barcelona (ES)

Seite 114 – 121

PORSCHE TYP 917 / 10

Baujahr: 1972
Motor: Zwölfzylinder-Boxermotor
Hubraum: 4494 ccm
Leistung: 850 PS
Gewicht: 750 kg
Rennstrecke: Laguna Seca (USA)

Seite 122 – 129

PORSCHE TYP 911 CARRERA RSR 2.8

Baujahr: 1973
Motor: Sechszylinder-Boxermotor
Hubraum: 2806 ccm
Leistung: 300 PS
Gewicht: 850 kg

Seite 130 – 137

PORSCHE TYP 917 / 30

Baujahr: 1973
Motor: Zwölfzylinder-Boxermotor
Hubraum: 5374 ccm
Leistung: 1100 PS
Gewicht: 800 kg
Rennstrecke: Goodwood (GB), Laguna Seca (USA)

Seite 138 – 145

PORSCHE TYP 911 CARRERA RSR

Baujahr: 1974
Motor: Sechszylinder-Boxermotor
Hubraum: 2993 ccm
Leistung: 345 PS
Gewicht: 920 kg
Rennstrecke: Laguna Seca (USA)

Seite 146 – 153

PORSCHE TYP 911 CARRERA RSR TURBO 2.1 LITER

Baujahr: 1974
Motor: Sechszylinder-Boxermotor
Hubraum: 2142 ccm
Leistung: 500 PS
Gewicht: 750 kg
Rennstrecke: Goodwood (GB), Le Mans (FR), Zandvoort (NL)

Seite 154 – 163

PORSCHE TYP 934 TURBO

Baujahr: 1976
Motor: Sechszylinder-Boxermotor
Hubraum: 2993 ccm
Leistung: 485 PS
Gewicht: 1120 kg
Rennstrecke: Laguna Seca (USA)

Seite 164 – 171

PORSCHE TYP 934 / 5

Baujahr: 1976
Motor: Sechszylinder-Boxermotor
Hubraum: 2993 ccm
Leistung: 485 PS
Gewicht: 1120 kg
Rennstrecke: Monza (IT)

Seite 172 – 179

PORSCHE TYP 935 / 77

Baujahr: 1977
Motor: Sechszylinder-Boxermotor
Hubraum: 1425 ccm
Leistung: 370 PS
Gewicht: 750 kg
Rennstrecke: Zandvoort (NL)

Seite 180 – 187

PORSCHE TYP 911 SC 3.0 »SAFARI«

Baujahr: 1978
Motor: Sechszylinder-Boxermotor
Hubraum: 2993 ccm
Leistung: 250 PS
Gewicht: 1300 kg
Rennstrecke: Zell am See (AT)

Seite 188 – 195

PORSCHE TYP 935 / 78 »MOBY DICK«

Baujahr: 1978
Motor: Sechszylinder-Boxermotor
Hubraum: 3211 ccm
Leistung: 650 PS
Gewicht: 1025 kg
Rennstrecke: Goodwood (GB), Stuttgart (DE)

Seite 196 – 205

PORSCHE TYP 935

Baujahr: 1978
Motor: Sechszylinder-Boxermotor
Hubraum: 2857 ccm
Leistung: 600 PS
Gewicht: 970 kg
Rennstrecke: Le Mans (FR), Laguna Seca (USA)

Seite 206 – 211

PORSCHE TYP 924 GTR (HOLBERT)

Baujahr: 1981
Motor: Vierzylinderreihe
Hubraum: 2,0 Liter
Leistung: 600 PS
Gewicht: 1000 kg
Rennstrecke: Laguna Seca (USA)

Seite 212 – 219

KREMER-PORSCHE TYP K3 / 81

Baujahr: 1980
Motor: Sechszylinder-Boxermotor
Hubraum: 3124 ccm
Leistung: 680 PS
Gewicht: 1025 kg
Rennstrecke: Le Mans (FR)

Seite 220 – 227

PORSCHE TYP 956 / 962

Baujahr: 1985
Motor: Sechszylinder-Boxermotor
Hubraum: 2649 ccm
Leistung: 640 PS
Gewicht: 850 kg
Rennstrecke: Goodwood (GB), Laguna Seca (USA)

Seite 228 – 233

PORSCHE TYP 959 »PARIS DAKAR«

Baujahr: 1986
Motor Sechszylinder-Boxermotor
Hubraum: 2849 ccm
Leistung: 400 PS
Gewicht: 1260 kg
Rennstrecke: Goodwood (GB)

Seite 234 – 245

PORSCHE TYP 961

Baujahr: 1986
Motor: Sechszylinder-Boxermotor
Hubraum: 2849 ccm
Leistung: 640 PS
Gewicht: 1150 kg
Rennstrecke: Goodwood (GB), Zandvoort (NL), Porsche Museum, Stuttgart (DE)

Seite 246 – 253

PORSCHE TYP 964 CARRERA CUP

Baujahr: 1990
Motor: Sechszylinder-Boxermotor
Hubraum: 3600 ccm
Leistung: 265 PS
Gewicht: 1210 kg
Rennstrecke: Daytona (USA), Laguna Seca (USA)

Seite 254 – 261

PORSCHE TYP RS SPYDER

Baujahr: 2008
Motor: Achtzylinder-V-Motor
Hubraum: 3397 ccm
Leistung: 503 PS
Gewicht: 800 kg
Rennstrecke: Laguna Seca (USA)

Seite 262 – 267

PORSCHE TYP 919 HYBRID

Baujahr: 1976
Motor: Vierzylinder-Boxermotor
Hubraum: 2,0 Liter
Leistung: 900 PS (beide Systeme)
Gewicht: 870 kg
Rennstrecke: Goodwood (GB), Laguna Seca (USA)

Seite 268 – 273

PORSCHE TYP 718 CAYMAN GT4 RALLYE

Baujahr: 2018
Motor: Sechszylinder-Boxermotor
Hubraum: 3,8 Liter
Leistung: 425 PS
Rennstrecke: Zell am See (AT)

Seite 274 – 283

PORSCHE TYP 911 RSR

Baujahr: 2018
Motor: Sechszylinder-Boxermotor
Hubraum: 4000 ccm
Leistung: 510 PS
Gewicht: 1243 kg
Rennstrecke: Zandvoort (NL)

DANK

Danken möchte ich der Porsche AG für die vielen tollen Rennwagen der letzten 75 Jahre, die noch heute auf den Rennstrecken zu sehen sind. Allen Rennstrecken, auf denen ich Gast sein durfte. All den Rennfahrern und Besitzern der Rennwagen, die mir die Möglichkeit geben, diese Rennwagen noch einmal zu erleben. Den vielen Mitarbeitern hinter den Veranstaltungen, den Pressebetreuern, den Strecken-Marshalls. Jürgen Barth, der mir immer mit viel Sachverstand zur Seite steht. Roland Kussmaul und Norbert Singer für ihre Vorworte und die vielen Geschichten über die vergangenen Zeiten. Marion für ihre Anregungen und viel Verständnis bei der Entstehung dieses Buches. Tim Havermans für die gute Gesellschaft an den Rennstrecken. Volker Mayer, Repromayer Reutlingen für die gelungene Umsetzung dieses Buches und dem Motor Buch Verlag, Stuttgart.

IMPRESSUM

Rüdiger Mayer
Konzept, Text, Gestaltung und Fotografie

rmp[RM] Media Production
Wannweiler Straße 55
D-72770 Reutlingen
info@rmp-rm.de, www.rmp-rm.de

Bildnachweis
Seite 19 Automuseum PROTOTYP, Hamburg
alle weiteren Bilder rmp[RM] / Rüdiger Mayer

Digitale Bildbearbeitung
Volker Mayer, Rüdiger Mayer

Lektorat
Georg Otto

Lithografie / Datenmanagement
Repromayer GmbH, Reutlingen

Papier
GardaMatt Art 150 g/qm

ISBN 978-3-613-04590-3
Printed in Europe

backontrackporsche.com

Paul Pietsch Verlage GmbH & Co. KG
Hauptstätter Straße 149
D-70178 Stuttgart
www.motorbuch.de

Bibliogratische Information der Deutschen Nationalbibliothek
Die Deutsche Nationalbibliothek verzeichnet diese Publikation in der Deutschen Nationalbibliografie; detaillierte bibliografische Daten sind im Internet über www.dnb.de abrufbar.